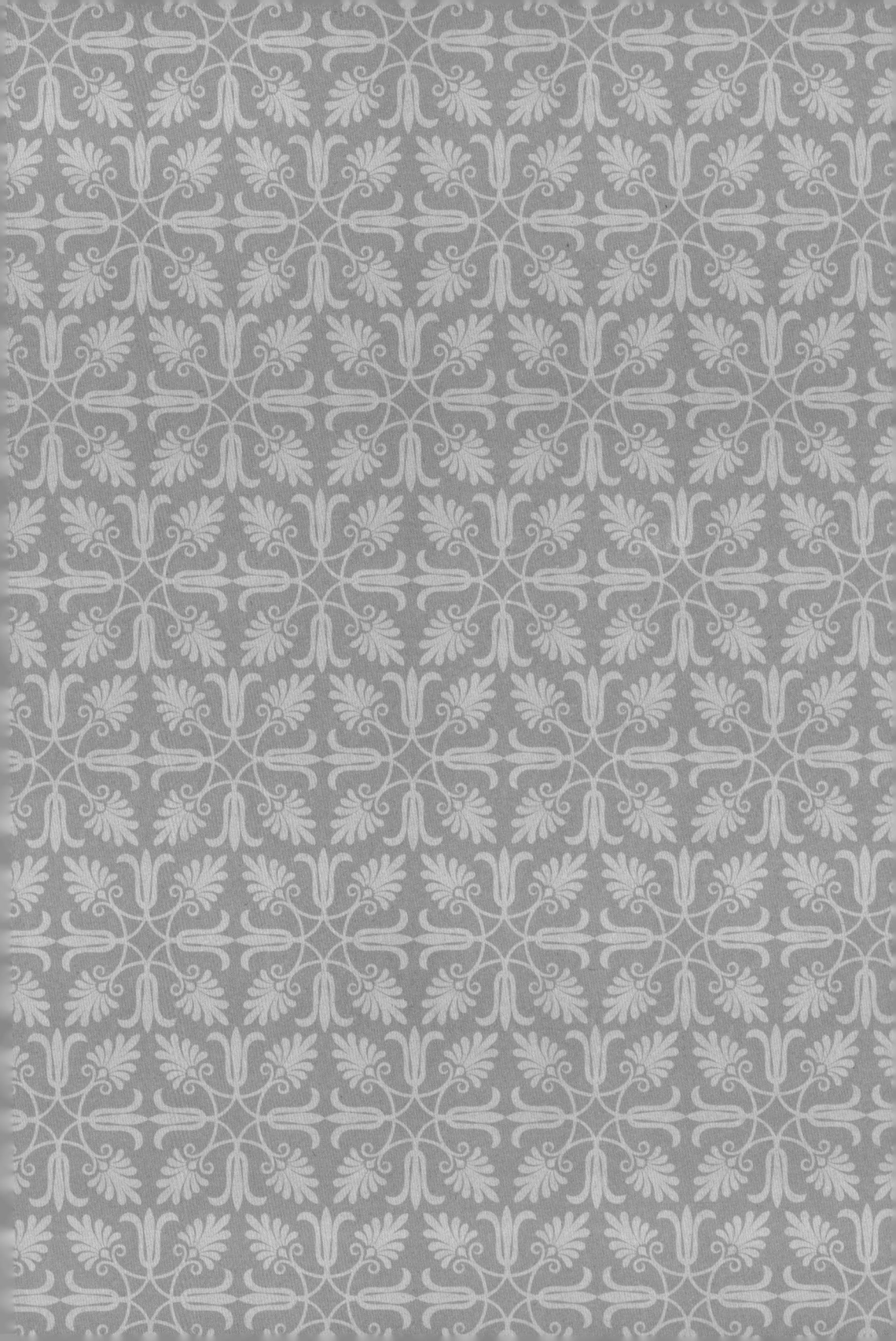

科学原来如此

奇怪的化学元素

李 杰◎编著

是空气！

什么东西是无色无味无形但又是我们必不可少的？

金盾出版社

内 容 提 要

为什么一旦放手，手中的氢气球就会越飞越高，逃离掉？而我们自己吹的气球却飞不起来呢？为什么长期生活在高原的人患皮肤癌的几率比生活在普通平原的人得皮肤癌的几率要高得多？奇怪的化学元素之谜将为揭开这些秘密。

图书在版编目（CIP）数据

奇怪的化学元素/李杰编著. — 北京：金盾出版社，2013.9（2019.3 重印）
（科学原来如此）
ISBN 978-7-5082-8478-1

Ⅰ.①奇…　Ⅱ.①李…　Ⅲ.①化学元素—少儿读物　Ⅳ.①O611-49

中国版本图书馆 CIP 数据核字（2013）第 129540 号

金盾出版社出版、总发行

北京太平路 5 号（地铁万寿路站往南）
邮政编码：100036　电话：68214039　83219215
传真：68276683　网址：www. jdcbs. cn
三河市同力彩印有限公司印刷、装订
各地新华书店经销
开本：690×960　1/16　印张：10　字数：200 千字
2019 年 3 月第 1 版第 2 次印刷
印数：8 001～18 000 册　定价：29.80 元
（凡购买金盾出版社的图书，如有缺页、
倒页、脱页者，本社发行部负责调换）

前言

　　元素周期表，所有学过化学的人肯定都熟得不能再熟了，这是老师必须让我们记下来的！翻开元素周期表，最前面的几个是氢氦锂铍硼，碳氮氧氟氖……光看这些文字，是不是有些枯燥呢？其实，虽然看起来有些枯燥无味，但是这些元素在我们的日常生活中可是必不可少的。

　　氢，排在元素周期表的第一位，想不看到它都很难。在我们每天喝的水中，就有氢元素的身影。而且，科学家们正在研究将氢气作为原料，这样可以极大地保护环境。

　　锂排在元素周期表的第三位，就在氦的下面。它在我们的生活中也很重要。在现如今这个信息大爆炸的年代，手机几乎成了居家旅行的生活必需品。打电话、发短信、听歌、上网、看电影、拍照视频、微信聊天，无聊的时候还可以大战一下僵尸，或者玩玩愤怒的小鸟，相信每一个手机一族都是这么开的，可是，当你正在大战僵尸，即将取得决定性胜利的时候，突然手机自动关机，没电了，你会不会非常的懊恼呢？当你正和朋友聊得兴高采烈的时候，手机很不给面子的再次因为"缺氧"而罢工，你是不是有些手足无措没办法，这不是手机的错，这是电池的错，可电池也很委屈啊，我也不是成心的啊，呵呵，没关系，担心电池不耐用？来用锂电池吧，绝对不会让你失望。

碳排在元素周期表第六位，大千世界，无奇不有，就像那灯光下那璀璨高贵的钻石，其组成成分，其实和那廉价的铅笔芯是一样的。这并不是什么天方夜谭，这是事实。钻石和铅笔芯中的成分，其实都是碳。

氮排在碳后面，岸边婀娜的杨柳，池畔盛放的秋莲，飘舞在空中的樱花，荡漾在风中的薰衣草，香山红叶，东湖白藕……叹江山风景如画。每到假日，我们都会纵情山水，徜徉湖山胜景之中，体悟大自然的瑰丽与神奇，当你在感叹枫叶似火，柳晕如烟的时候，可曾想过，这些用自身的绚烂装点着整个世界的植物精灵们是如何生存的呢？他们如何生长？如何茁壮？这个问题，其实人们已经研究了很久很久，从而得出一个结论，肥料，是植物生长必不可少的，当然了，这种肥料不一定就是洒在地里的那种，农村还有一句古谚叫做"雷雨发庄稼"，怎么回事呢？

……

想要解答这些问题，就翻开这本书，去化学的海洋里徜徉吧。

目录

CONTENTS

目录

目录 CONTENTS

最轻的元素——氢

◎早上，智智背着书包正准备出门，校车已经等在家门口了。

◎智智正准备坐车的时候，妈妈突然跑出来叫住了他。

◎妈妈把水壶递给智智，并跟他说让他记得要多喝水。

◎智智感动得要哭了。

感冒了多喝水就会好的快。

还是妈妈对我最好呀！

水是由什么组成的?

学过化学的人对元素周期表一定不会陌生，由前苏联科学家门捷列夫发明的元素周期表几乎是学习化学的人必须熟悉的东西。那么，在元素周期表中的第一个元素是什么？别急，氢这个顽皮的小弟弟正等不及想做自我介绍了呢！氢，原子序数为1的元素，原子中只含有一个质子，没有中子，化学性质非常活泼。其实说起来，我们和氢元素的渊源可不小呢！比如说，你每天都会喝水，那么你知道水是由什么元素组成

的吗？氢元素和氧元素？没错，就是这两种最主要的元素。也就是说，你每天都在和氢元素打交道。那么今天，就让我们好好地来认识一下调皮的氢元素吧！

为什么说氢气是最轻的气体？

在元素周期表中，氢元素是第一位的元素，它的原子核外只有一个电子，和大部分的元素一样，氢原子的重量也是主要集中在原子核上，当然，电子也是占了一部分重量的，也正是因为如此，氢原子是所有原子中最小的。同时，氢元素的单质形态就是氢气分子，相对原子质量只有1/2，如果把氢气放到空气中，它会浮在空气的上方，虽然我们的肉眼看不到非常明显的变化，但是已经有科学家经过实验证实了这个说法。究其原因，还是因为氢气的密度比空气小得多，比重自然就小。不知道大家有没有看过溶剂的萃取实验？如果想要把有机的液体和水分

开，可以采用分液的方法，经过充分的混合与静置后，会发现这两个液体明显地分为了两层。在气体中其实也是有这种现象存在的。氢气的密度比空气小。所以会飘在上层，而空气就会存在于下层，和分液实验时有机液体和水的状况非常相似。在自然界中，氢气是一种无色无味的气体，它极易燃烧，遇到明火会发出蓝色的火焰。在空气中，氢气并没有

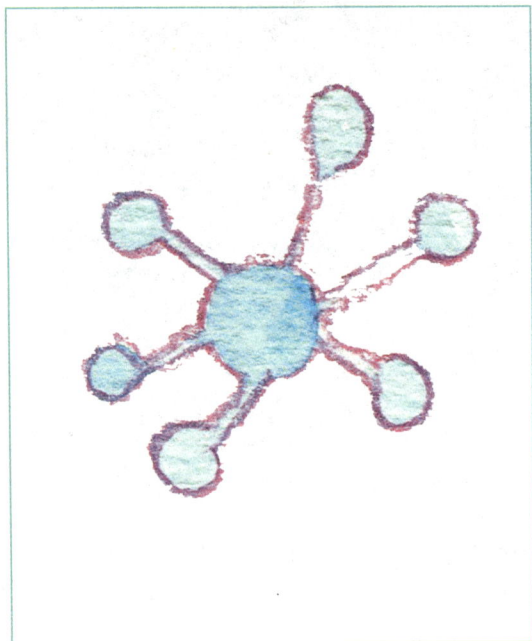

直接存在，但是它却可以通过很多的方法得到。电解水就是其中非常常用的一种方法。科学家经过试验发现，电解水之后，"U"形管中两边的水因为产生的气体而被挤压，但是一边被挤压的幅度很小，另一边却比较大。后来证明，电解水之后产生的气体有两种，一种是氢气，另一种就是氧气。被挤压的较小的部分产生的是氢气，这个实验也间接的说明了氢气的质量很轻。

在元素周期表中，氢元素绝对是非常特殊的一个。因为它的原子又

轻又小，跑得非常快，是其他元素的原子没有办法比较的。如果让元素周期表中的所有元素的原子进行一次短跑比赛，那么氢原子绝对能拔得头筹，从它形成的单质气体上就可以看出氢原子究竟有多轻了。科学家通过实验发现，氢气的"体重"还不到空气的十四分之一，所以在空气中它绝对是位于上层的。也正是因为氢气的这个特点，人们用它制成了氢气球，既可以进行观光旅游，还可以在军事等方面派上用途。

氢气也能成为能源？

氢虽然是元素周期表中最轻的元素，但是它的作用可不小呢！尤其是它的同位素氘和氚，在核能的利用上，氘和氚可以作为原子核聚变的原料，利用原子核聚变产生的巨大能量，人们可以制作杀伤性和破坏性极强的氢弹，它的威力可是比他的弟弟原子弹大得多了。如今，人们在

氢气做能源

追求清洁能源的过程中，还发现氢气是一种可替代的清洁能源，用于汽车的燃料的话，就能有效减少汽车尾气的排放，还能保护环境，节约能源，是非常好的能源物质。随着我国的经济不断发展，环保所面临的压力也越来越大，尤其是空气污染，更是直接影响到每个人的生活。没有清洁的空气，出门在外只能戴上口罩，那是一件多么难受的事情！氢能源的出现为解决大气污染的一个方面提供了非常重要的帮助。在中国，汽车的普及度大大增强，这也意味着汽车尾气的排放量越来越多，如何处理这些尾气便成为了一件非常头痛的事情。不过，如果现在的汽车都能够使用清洁能源的话，这个问题就能够迎刃而解了。但是，现在的问题是目前利用氢气的技术还不是非常成熟，所以要到大批量的工厂化运作还需要很长的时间。但是可以预见的是，距离氢气作为未来清洁能源的日子已经不远了。

小链接

氢在自然界中一共有三种同位素，分别是氕、氘、氚，之所以这么分类，是因为它们虽然电子数是相同的，但是种子数却不一样。其实从字形上就可以充分地看出来。氕，气下面只有一笔，说明原子中只有一个质子，没有中子。氘，气下面两笔，说明原子中有一个质子一个中子。氚，气下面三笔，说明原子中有一个质子和两个中子。这三种同位素都是在自然界中存在的。当然，现在科技越来越发达，人类自身也能合成氢的同位素了，现在人工合成的氢的同位素有氢4、氢5、氢6、氢7这四种。可以说，氢的家族在科技的发展下，已经完全长成了一个大家族，相信不久的将来还会有越来越多的成员加入进来。

师生互动

学生：氢气到底是怎么被发现的呢？

老师：其实早在十六世纪，就有人发现氢气了。那是一名瑞士的医生，有一天，他把铁屑不小心掉到了硫酸里面，结果竟然产生了很多的气泡，就像风一样瞬间就从瓶口飘了出来。后来，他还发现这种气体会燃烧，但是他并没有对这种现象进行进一步的研究，因为作为著名的医生，他的病人实在太多了，根本就忙不过来。后来到了十七世纪，又是一名医生发现了氢气的存在。但是当时的社会人们普遍存在一个观点，那就是气体是不能单独存在的，这样也就意味着气体不能被收集，也不能进行测量。也正是因为这种观点，这个医生最终还是放弃了自己的发现，没有进行进一步的研究。再后来到了1766年，英国著名的化学家卡文迪许终于第一个对氢气进行了收集，并由此发现了氢气这种气体的存在。他用的是排水法收集的这种气体，后来，他还发现了如果不小心把氢气和空气混合在一起，一遇上火星就会爆炸的事实，为后来研究氢气提供了非常宝贵的资料。

电池里的宝贝锂

◎ 爸爸妈妈准备带智智去云南旅游，正在家里收拾东西。

◎ 智智突然心情不好了，妈妈觉得很奇怪。

◎ 爸爸把自己的手机递给了智智。

◎ 智智拿着爸爸的手机开心地给外婆打电话。

> 智智要是想外婆了，就可以给外婆打电话，现在的电话还能视频呢！

> 这么多天见不到外婆该怎么办呢？

锂的前世今生

　　锂是元素周期表中位置最靠前的金属元素，这也意味着它的性质必定是非常活泼的。不过，大家可不要小看锂哦！和氢气是最轻的气体类似，锂可是金属中重量最轻的呢！它长着银白色的身躯，质地非常柔软，只比大家小时候玩过的橡皮泥硬一点，这说明了什么？说明锂的可塑性可不是一般的强哦！说到锂啊，它的发现可以说是偶然，但是这种

偶然中又透着一些必然。在 1817 年，瑞典的化学家贝齐里乌斯的学生阿尔费特逊在一次例行的实验中，偶然发现矿石里面有一种从未遇到过的金属元素。这可把阿尔费特逊难倒了，该怎么确定这种元素呢？不过，阿尔费特逊毕竟比较厉害，在和老师的讨论以及接下去的实验中，

润滑剂 —— 含锂

阿尔费特逊终于确定了自己发现的是还没被人找到的新的金属元素。贝齐里乌斯给这种元素起了个名字就叫做锂，但是，师生俩人并没有把锂给提炼出来。后来到了 1855 年，本马和马奇森用电解熔化氯化锂的方法第一次制得了锂，但是，那个时候，人们对锂的认识还不够，工业化生产的想法也比较薄弱，直到 1893 年，根莎提出了工业制锂，锂的运用才越来越广泛，也是在这个时候，锂才被人们认识，并开启了锂工业化的时代。到了现代，制取锂的工艺越来越先进，方法也越来越多。

从锂的发现到它正式投入到工业化制取当中，一共经历了 76 年的时间。这段时间如果放在人的身上，早就从婴儿变成白发苍苍的老人

了。那么，锂为什么在发现之后这么长的时间里一直备受冷落呢？这和当时的工业发展方向也是有关的。当瓦特的蒸汽机拉响了工业革命的号角时，一场不声不响的工业化改革开始在西方国家兴起。那个时候，人们关注最多的是像汽车、船舶、大型机械等比较宏观的仪器，很少有人会去在意机器里面的零部件用什么最好。而锂偏偏又是属于这个方面的，因此一直遭到了冷遇，初期，锂的一些化合物仅仅用在玻璃、陶瓷和润滑剂等少数几个方面，而且用的还比较少。真正让锂成为闻名于世的金属，还是在于它优越的核性能。科学家经过研究发现，锂捕捉低速中子的能力很强，这种能力恰恰是铀反应堆中控制核反应速度所需要的。同时，锂还能防辐射，延长核导弹的使用寿命，等等，是不可多得的优秀金属。

锂的用处可不少呢！

自从1817年贝齐里乌斯的学生阿尔费特森发现锂之后，锂的性能被越来越多的人了解，人们也在对锂的研究中发现，我们生活中有很多地方都可以用到锂。最早的时候，人们以硬脂酸锂的形式将锂用于润滑剂的增稠剂，这样一来，润滑剂就会有较好的抗水性，能够耐高温还有很好的低温性能。最特别的是，如果在汽车的一些零件上加一次锂润滑剂，那么这些零部件就能够一直用到汽车报废为止。后来，锂的应用从润滑剂延伸到了冶金工业上。因为锂能够强烈地和氧、氮、氯等物质反应，所以它是非常好的脱氧剂和脱硫剂。在冶炼铜的过程中，如果能加上一点锂，那么铜的内部结构就会发生改变，变得更加紧密，这样一来，铜的导电性也就能大大提高了。后来，科学家经过不断的实验发现，1千克的锂燃烧后能释放42998千焦的热量，这可是非常巨大的能量呢！用来做火箭燃料即可以节省燃料又不减少能量，是非常理想的。当然，大家在日常生活中遇到最多的用到锂的地方，恐怕就是锂电池

了。随着工艺的发展，锂的应用范围也越来越广泛。这不，有科学家就发现，利用锂的金属特性，可以制作出能够充电的电池，用于手机、汽车等方面的话，实用性非常高。其实，除了这些方面之外，锂的用途还有很多呢！人体也是需要锂的，不过需求非常少罢了。现代，用锂制成的锂电池还能用于心脏起搏器里面呢！

锂电池为什么耐用性这么好呢？

锂电池是本世纪三、四十年代才开发出来的优质能源，它广泛地用于汽车、手机等工业中，是现在非常流行并且优势明显的优质能源。那么，锂电池究竟指的是什么呢？在化学中，锂电池指的就是电化学体系中含有锂的电池，它可以充电，但是技术要求非常高，现在世界上只有

少数几个国家才有这个能力能够生产锂电池呢！其实，锂电池最早出现并不是在目前用的非常广泛的手机电池中，而是在心脏起搏器中。这是因为锂电池的自放电率非常低，放电电压平缓，这样的话放在人体中的

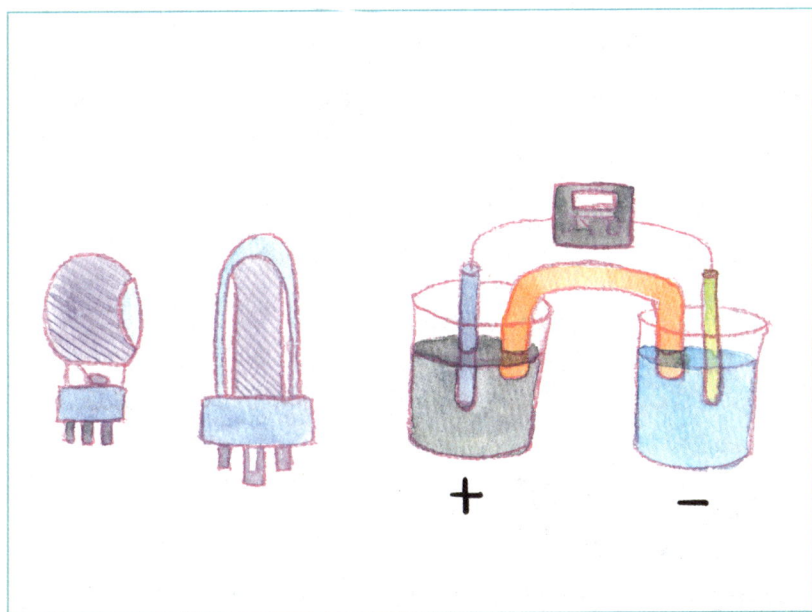

起搏器就能够长期运作而不用重新充电。到了 1992 年，日本的索尼公司能够开发出了锂离子电池，这样，人们的行动电话和笔记本电脑等等体积和重量就大大减少了，使用时间上也有了质的飞跃。那么锂电池的耐用性为什么这么好呢？这其实和在电池中使用的材料有关。在锂电池中，炭材料为负极，含锂的化合物作为正极，在充放电过程中，没有金属锂的存在，有的只是锂离子。当对电池充电时，电池的正极上有锂离子生成，生成的锂离子经过电解液运动一会儿之后就到达了负极，巧的是负极的碳材料有很多细小的孔，这些来到负极的锂离子就会嵌入这些孔中，嵌入的锂离子越多，充电的容量就越高，这样一来，电池的寿命自然就长了。这也就是锂电池耐用的最直接原因。

在如今的信息化时代，手机已经成为了我们生活中必不可少的一个物品。当你在外面旅行的时候，带上具有拍照功能的手机，可以随时记录下旅途中最美丽的风景，不是一件非常美妙的事情吗？不过，这样做有一个非常重要的问题，那就是手机的电池够用吗？会不会用到一半的时候就没电了？这其实完全取决于手机电池的耐用性，以前的手机用的电池和现在的可不一样，现在有了锂电池这个宝贝，手机电池的耐用性就大大提升了呢！那么，现在就让我们来认识创造了这个奇迹的元素锂吧！

师生互动

学生：锂电池到底是谁发明的呢？这个发明锂电池的人一定特别聪明！

老师：没错，发明锂电池的人确实非常聪明，不过这个人大家都认识呢！他就是大发明家爱迪生。不过他只是在实验室里面做成了锂放电的实验，真的将锂电池用于工业生产还要追溯到1970年，埃克森的一个人采用硫化钛作为正极材料，金属锂作为负极材料，制成了第一个锂电池，后来是日本的索尼公司将这个技术发扬光大的。现在，锂电池的应用可是非常广泛的呢！不只是手机的电池用到了锂电池，就连汽车、电脑等等用的电池也基本上都是锂电池呢！所以说啊，锂电池可真的是一个宝贝啊！

呼吸出来的碳

◎ 电视里正在放婚戒的广告,智智看得目
　　不转睛。

◎ 妈妈把自己手上的戒指给智智看。

◎ 智智觉得戒指非常神奇,仔细地摸来
　　摸去。

◎ 妈妈把戒指摘下来让智智仔细看。

戒指硬是因为上面的是钻石啊！

原来戒指这么坚硬啊！

钻石的本质就是碳元素？

　　钻石恒久远，一颗永流传，这是广告里面关于钻石的形容词，一句话道出了钻石的很多特性。不过，大家想不到的是，价格非常昂贵的钻石，其实质就是碳呢！不过钻石的碳可不是普通的那种哦！科学家已经发现，碳的单质有很多同素异形体，其中，形成钻石的金刚石就是里面

非常特殊的一种。为什么说它特殊呢？因为它的硬度非常高，而且光泽很好，在以前，科学家一度认为金刚石是地球上硬度最高的物质，这足以说明金刚石的坚硬程度了。现在，地球上能够找到钻石的矿藏，不过

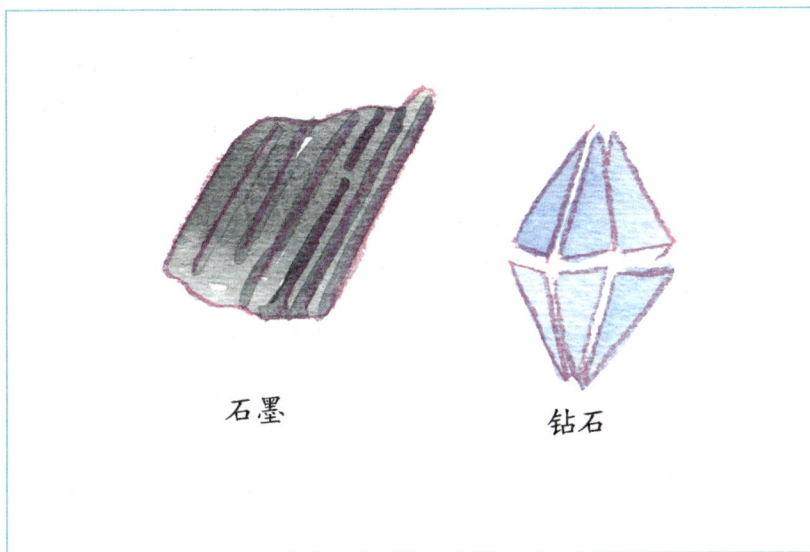

石墨　　　　　　　　钻石

开采出来的时候，一般都会有杂质存在，要能够得到成品，打磨的过程中至少要消耗掉一半的质量。所以，钻石并不是那么容易得到的哦！不过，知道钻石的实质后，大家是不是特别失望啊？那么漂亮的钻石竟然和黑不溜秋的石墨是同一种物质！要知道，石墨价格低廉，我们平常用的铅笔芯中就有石墨存在，可是钻石呢？一点点大就需要很多钱，这里面的差距是难以想象的。不过，从另一个方面来考虑大家可能就不会这么想了，虽然石墨的和钻石都是碳元素的单质，但是它们在地球上的含量不同，钻石比石墨更难找到，物以稀为贵，这不是流传至今的真理吗？不过，这也从一个侧面证明了碳元素的魅力所在，只是换了一个地方"躲藏"，就有这样意想不到的收获，真的是一件非常令人惊喜的事情。

碳控制着我们的呼吸

碳元素能够形成很多化合物，其中大部分都是有机物，这些有机物是形成生命体所必需的。但是，除开这些有机物，碳形成的无机物对人类的重要性也不容小视。这其中最有代表性的当然非二氧化碳莫属了。可以说，二氧化碳和氧气控制着我们的呼吸，因为人体进行呼吸作用的时候，体内的二氧化碳气体会通过肺泡与外界的氧气进行交换，同时将体内的一些混合在气体中的杂质一起带出体外，这样一来，人体每时每刻都在进行着气体的交换，健康也就得到了保障。那么二氧化碳究竟是怎么样的一种气体呢？它又是如何进行呼吸作用的呢？首先，二氧化碳是一种无色无味的气体，它不可燃，在某些情况下，它还能充当灭火器的作用呢！其次，二氧化碳是植物呼吸作用中非常重要的一个因子，它在空气中占的比重并不大，但是作用却和氧气一样重要。虽然氧气是呼吸作用中进入人体的气体，但是在肺泡中，氧气和二氧化碳交换的时候，血液中一些有毒有害的物质也会随着二氧化碳的出去而排出体外。这便是二氧化碳在呼吸作用中发挥的魅力所在。

植物和动物一样，也会感觉到一些外界环境的变化，当然，呼吸作用也是存在于植物中的。只是，植物有一点比动物厉害的地方，植物不仅能够进行呼吸作用消耗氧气呼出二氧化碳，还能通过一定的方式产生氧气，消耗二氧化碳呢！这便是绿色植物所具有的独特功能——光合作用。光合作用是指绿色植物在光的照射下，通过体内的一些特殊结构如叶绿体等将二氧化碳转换成氧气的过程。在这个过程中，植物体内的有机物也会得到增加。光合作用是一系列复杂的代谢反应的总和，也是生物赖以生存的物质基础。在地球形成初期，地球上的大气里面还没有这么多的氧气，主要的气体就是二氧化碳，但是人类形成的过程中是非常需要氧气的，二氧化碳只能造成人类的呼吸困难。这时，像英雄一般的

蓝藻出现了，它们就是通过自己的光合作用，产生了大量的氧气，从而使地球的大气里开始出现氧气，人类也是在这个进程中慢慢产生的。这便是绿色植物的威力，也是它们对地球和人类做出的巨大贡献。

碳的用途原来这么广泛！

碳元素和我们人类息息相关，那么它都出现在我们生活的哪些方面呢？其实，在工业和医药上，碳和它所形成的化合物可是起到了举足轻重的作用呢！首先是在工业上，利用碳元素形成的各种有机物质，人们可以通过聚合反应，制作出各种有机高分子物质，如聚酯纤维，等等，这些少了碳元素都是不行的，在医药上，最著名的就是阿司匹林了，阿司匹林其实是用水杨酸通过一系列的反应得到的，在这个过程中，起主导作用的还是碳元素。现代社会，很多药物都是以碳元素为基础的，因为碳元素可以和氧、氢等元素形成各种各样的有机物和无机物，这些物质是很多药物和工业用品的原材料。当然，碳元素的作用不仅仅局限于

这些方面，在探测古生物的年代方面，碳元素也是起到了非常重要的作用。在考古界，通过测量古生物遗体中碳14的含量，可以推测该古生物死亡的年代，这便是在考古中用的非常广泛的碳14断代法。另外，碳还是建材钢的成分之一，它的单质石墨分子间的作用力比较弱，所以比较容易滑动，适合用来做润滑剂，同时，石墨处于高温时不容易挥发，在挖掘隧道的时候用的很多。

小链接

金刚石是怎么变成钻石的？

现在大家已经知道金刚石就是钻石的原料了吧？那么金刚石究竟是怎么变成钻石的呢？原来，工人在采矿的时候采到的只是原石，需要经过不断地打磨才能变成钻石呢！

师生互动

学生：钻石竟然也是碳的单质！那么碳的单质还有哪些形态呢？

老师：碳的单质有很多的同素异形体，同素异形体指的就是元素相同，但是形态什么的都不一样，就比如刚刚提到过的石墨和金刚石就是非常好的例子。简单地说，就是这些物质虽然都是碳元素的单质，但是它们的物理性质有很大的差异。碳的同素异形体除了刚刚提到过的石墨和金刚石之外，还有石墨烯、富勒烯、无定形碳、碳纳米管、蓝丝黛尔石、蜡石、碳纤维、碳纳米泡沫等等，在这些同素异形体中，最常见的单质是高硬度的钻石和柔软滑腻的石墨。看，碳元素是不是真的很神奇？小小的一个元素，却把大自然装点的这么美丽，实在是大自然的赠礼啊！

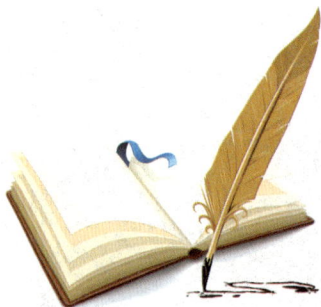

植物少了氮？当然不行

◎ 今天是幼儿园春游的日子，老师带着同学们往植物园的方向走去。

◎ 第一次来到植物园的智智对这里所有的植物都充满了好奇心。

◎ 老师仔细地闻了闻树的叶子后，把周围自己玩的孩子们都叫了过来。老师告诉大家，这是香樟树。

◎ 老师给大家讲解植物的种植方法，以及农民伯伯栽培植物付出的辛劳。

这是香樟树。

老师，这是什么树啊？

氮元素原来是这么发现的！

在美丽的大自然中，除了各种动物以及我们人类之外，多姿多彩的植物也在其中扮演着非常重要的角色。是它们将原本暗淡无光的大自然装点的精彩万分，是它们给了动物和人类食物，也是它们提供了氧气供世界万物呼吸。可以说，地球上的一切生物都离不开植物。那么，这么多的植物是如何生长起来的呢？它们又是如何生活的呢？这个问题科学

家已经研究了很多年，现在也有了一些结论。但是运用最广的，也是现在农民种植作物时最常用的，还是各种各样的肥料，在这其中，氮肥、磷肥、钾肥是最重要的。今天，我们就来看看氮元素是怎么被人们发现的吧！

大家都知道，空气中有 78% 的气体都是氮气，它和我们的生产生活息息相关。那么，你知道氮元素是怎么发现的吗？氮气又是通过什么途径发掘的呢？说起来，发现的最大功臣还是在化学史上非常有名的科

学家拉瓦锡。1772 年，瑞典的一个名叫舍勒的药剂师在一次配制药物的时候偶然发现的，药物材料中有一种从来没有见过或者遇到过的元素，但是他也不敢确定这是什么元素。后来到了 1787 年，伟大的科学家拉瓦锡确定了这种元素和空气中大量存在的元素是一致的。在和其他法国的科学家经过激烈的讨论后，拉瓦锡提出了氮这种新的元素，英文名称是 nitrogen，指的是"硝石组成者"。那么，氮这种元素又是何时被引进国内的呢？这还得追溯到清末，当时，我国有一个著名的化学启蒙者徐寿，他在接触到国外较为先进的化学知识后，将这些英文的东西翻

译成中文传到国内。当时，拉瓦锡提出氮这种元素的说法后，徐寿第一时间将它翻译成了中文，但是，他翻译成中文时写的是"淡气"，意思就是说这种气体冲淡了大气中氧气。后来，经过后人不断地研究后，才真正地为氮这种元素正了名。

氮气究竟是怎么样的一种气体呢？

氮元素组成的化合物虽然比不上碳元素多，但是数量也是非常可观的。在氮元素组成的所有物质中，氮气应该算是最典型的了。据研究统计，氮在地壳中的含量只有 0.0046%，非常微量，但是这并不意味着

氮元素在别的地方就不存在了。其实，自然界绝大部分的氮都是以氮气的形式存在于大气中的，也就是说，我们现在呼吸的空气中，大部分都是氮气。现在，科学家们已经对氮气的性质和特点等有了很多了解了。

氮气也是一种无色无味的气体，它存在于大气中时对人体是无害的，但是当它在空气中的含量过高时，就会导致我们吸入的氧气分压下降，严重的时候就会造成窒息缺氧。当吸入的氮气浓度不是非常高的时候，最初会觉得胸闷、气短，一段时间后情绪就会烦躁不安，极度兴奋，更严重的可能会因此而进入昏睡状态。当吸入高浓度的氮气的时候，人会迅速的昏迷，严重者会死亡。所以氮气太多了也不是一件好事哦！当然，缺少了氮气也是不行的。凡事适度才是最好的。就比如说，氮元素形成的氮肥是植物生长必不可少的营养元素，但是，这并不是说氮肥施得越多越好，相反，氮肥要是施多了的话会导致植物烧苗，进而死亡。适当的氮肥能有效地促进植物的生长发育，但是过量就不行了。这便是论语中孔子提到的过犹不及。

氮肥还分那么多种？

对植物来说，遇见氮肥是它们最高兴的一件事情了。因为这意味着它们生长所需要的营养物质得到了有效的补充，接下去的生长就不会有太大的问题了。那么植物最喜欢什么形式的氮肥呢？是不是所有的氮肥植物都能吸收呢？氮肥真的有那么多种吗？别急，这些问题我们慢慢地解答。首先，氮肥主要分为铵态氮肥、硝态氮肥和酰胺态氮肥。在铵态氮肥中，主要有碳酸氢铵、硫酸铵、氯化铵等，他们的共性是容易被土壤胶体吸附，进入土壤后容易被氧化成硝酸盐。如果这些铵态氮肥进入的是一个碱性环境，那么它就会变成氨气而挥发出去。硝态氮肥包括硝酸钠、硝酸钙、硝酸铵等，它们也有自己的共同特点，那就是容易溶于水，在土壤中流动很快，但是不能被土壤胶体吸附。酰胺态氮肥主要就是尿素，是所有的固体氮中含氮最高的肥料。尿素其实也是用的最早和最广的肥料，它的生理是属中性的，因此进入土壤后不会残留任何有害的物质，长期施用也不会有不良的影响，因此很多农民都喜欢用尿素给

作物施肥。至于植物到底喜欢什么样的肥料，这其实和植物的种类有非常大的关系。有些植物喜欢生活在碱性环境中，那么铵态氮肥就不适用于它们。所以，选择施用什么样的氮肥也是有很多讲究的。

植物缺了营养元素氮之后，会出现一系列的反应，这告诉人们，我缺少氮元素，现在快要支撑不下去啦！那么缺少氮肥的时候，植物会表现出哪些症状呢？首先，植物不能正常生长几乎是肯定的。除此之外，有些植物缺氮会在它的叶片上表现出来。比如说水稻缺氮的话会没有分蘖，原本能够长的沉甸甸的穗粒也会相应减少，饱满的果实不见了，取而代之的是扁扁的谷粒。这是水稻在用另一种形式向人们抗议没有提供给它足够的氮肥。对玉米来说，缺氮的最主要表现就是位于植株下面的叶片会发黄，叶尖很明显的出现枯萎的现象，并且会形成"V"字形向下延伸。这样一来，玉米的长势就不好，最后的产量也会受到很大的影响。小麦缺氮的话会导致它的植株生长矮小，叶片原本是绿油油的，也会因为缺氮而导致掺入一点黄色，也就是原本的正统绿色会变成浅绿色。同时，缺氮对小麦产量的影响也不能忽视。受到植株缺氮的影响，小麦的穗粒明显减少，同时种子的饱满度也不够，这样一来，小麦的产量势必不能达到预期的目标。

小链接

植物为什么需要氮肥呢？

说起来大家可能不知道，植物也是和我们人一样需要各种营养的呢！不过，植物需要的营养和人不同，它需要生根，所以要有氮元素帮它把根巩固地结实一点，这样才能充分吸收到土里的营养。

师生互动

学生：尿素用的这么广泛，那它还有哪些作用呢？

老师：尿素确实是一种非常优秀的氮肥，它除了能保障作物的正常生长并且不影响土壤的理化性质之外，还有着非常显著的作用。比如说对苹果树施用尿素后，开花的数量就会发生改变，特别是苹果地小年的时候施用尿素，就会显著提高开花的数量，从而达到增产的目的。再比如说，在杂交水稻制种的过程中，施用尿素就能提高父母本的异交率，也就是说，水稻杂交的时候更容易形成杂交体。除此之外，在农田中施用尿素还能达到防治虫害的目的。你们看，尿素不正是农民伯伯的宝贝肥料吗？

离不开的氧

◎课堂上，老师正在对同学们提问。

◎同学们都抢着回答，争先恐后地举手。

◎很多同学都回答是水，但是老师都说不对，看同学们都是一副困惑的表情，老师就在黑板上给了大家一个提示：就在我们身边。

◎智智突然想到了什么，马上举手说："是空气！"老师赞赏地对他点点头。

是空气！

什么东西是无色无味无形但又是我们必不可少的？

氧气竟然能和这么多物质发生反应？

在我们的生活中，什么东西是与你朝夕相伴的？食物？水？还是空气？虽然说食物和水也是非常重要的，但是要说到和我们形影不离的，那还真的非空气莫属了。因为空气是无形的，无论你身处何方，总能呼吸到空气。其中，又以空气中的氧气对人类以及动植物来说是最重要的。没有了氧气。人就不能呼吸，就会因为窒息而死亡。在地球形成初

期，人类还没有出现的时候，地球上是没有氧气的，这也导致了生物难以存在。后来，出现了能产生氧气的绿色植物，这才为人类的出现和繁衍提供了必需的条件，所以说，氧气对人类的重要性是其他任何东西都难以取代的。那么，现在就让我们走进氧元素的世界，去看看氧除了形成氧气供生物呼吸之外，还有什么其他的作用吧！

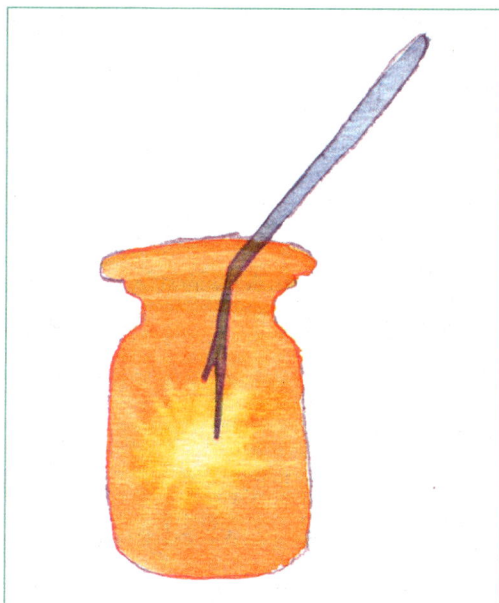

　　氧气是由两个氧原子构成的，它是空气的主要成分之一，占到了空气中21%的体积。和之前提到过的二氧化碳和氮气类似，氧气也是一种无色无味的气体，只是，氧气还有一个特殊的功能呢！那就是氧气的氧化性非常强，许多物质碰到氧气就会发生氧化反应从而变成别的物质。大家在生活中常常能见到这样的现象，一个铁盒放在太阳下的时间久了，过一段时间后再去看，会发现这个铁盒外面像穿了一件新衣服一样，长满了红红的铁锈。这就是氧气的魔力。在长时间和氧气接触的情况下，铁盒中的铁元素和氧气发生了氧化反应，变成了正三价的铁离子，而铁离子是有颜色的，就是我们见到的那种红色。还有，有些人喜欢戴一些铜做的首饰，但是一段时间后会发现这些首饰的表面出现了绿色的锈斑，这其实也是氧气的杰作，在长时间的接触后，氧气和铜发生反应生成的铜锈，就是绿色的。当然，能和氧气反应的物质绝对不仅仅这些，只要是具有一定还原性的物质都能和氧气发生氧化还原反应从而生成新的物质。比如说，一些性质比较活泼的金属，像钠、镁、铝等，还有几乎所有的有机物都能够在氧气中燃烧。从这些事实中可以看出来，氧气除了提供给我们呼吸之外，还是很多物质发生反应的助手呢！

氧气到底是谁发现的呢？

氧元素的发现是基于在发现氧气的基础上的，因此，只要知道是谁发现了氧气，就能知道氧元素的来历了。不过，发现氧气的可不只是一个人哦！有一种说法是说世界上最早发现氧气的人是中国南陈朝时期的炼丹家马和。马和在炼丹的过程中认真观察各种可燃物，发现了一些神奇的现象。其中一点就是木炭和硫黄在空气中都能够燃烧，那么究竟是空气中哪种物质让它们燃烧的呢？马和提出的结论是空气中有很多复杂的成分，但是主要是由阳气和阴气组成的。在马和看来，阳气指的就是现代所说的氮气，阴气就是氧气。不过，马和并没有明确指出氧气的存在，只是知道空气中有这么一种物质存在而已。到了 1774 年，英国的化学家约瑟夫·普里斯特利和他的同伴在一次利用放大镜加热氧化汞的时候，偶然制的了纯氧，还发现这种气体能够助燃和帮助呼吸，不过他将它称作"脱燃素空气"。后来，约瑟夫·普里斯特利访问法国的时候将这种方法告诉了拉瓦锡，拉瓦锡重复了这个实验之后，也得到了纯氧，并为这种气体取了名字叫做 oxygene，在希腊文里面，这个单词的意思是酸的形成者。之所以取这个名字是因为拉瓦锡错误地认为所有的酸都含有这种新气体。后来，这种新的气体的说法传到中国，清朝有名

的翻译家徐寿将它翻译成氧气，并一直沿用至今。徐寿认为，人的生存离不开氧气，因此其实一开始为它取的名字是"养气"，后来为了统一才将"养"改为"氧"的。

氧气是怎么制得的呢？

现在大家已经对氧气有了一个初步的认识了，那么你知道用哪些方法可以制得氧气吗？实验室制氧气和在工业上制氧气方法是一样的吗？显然，知道这个问题，就必须要知道氧气的来源。氧气是由两个氧原子构成的，那么只要有含有氧元素的物质，理论上就能够从这些物质中制得氧气。事实上人们也是这么做的。在实验室里，人们一般采用加热高锰酸钾、加热氯酸钾、用催化剂催化过氧化氢分解这三种反应来制取氧气。关于这几种方法制取氧气，人们还为它们编了一个化学诗歌呢！"实验先查气密性，受热均匀试管倾。收集常用排水法，先撤导管后移灯。"这个诗歌巧妙地将化学实验中需要注意的几点都说了出来，读起来朗朗上口，还不会遗忘任何一个要点。这便是实验室制取氧气的几种主要方法。当然，在工业上，制取氧气的方法和实验室的会有所不同。在工业上，人们一般采用的是压缩冷却空气，通过分子筛等方法来制取

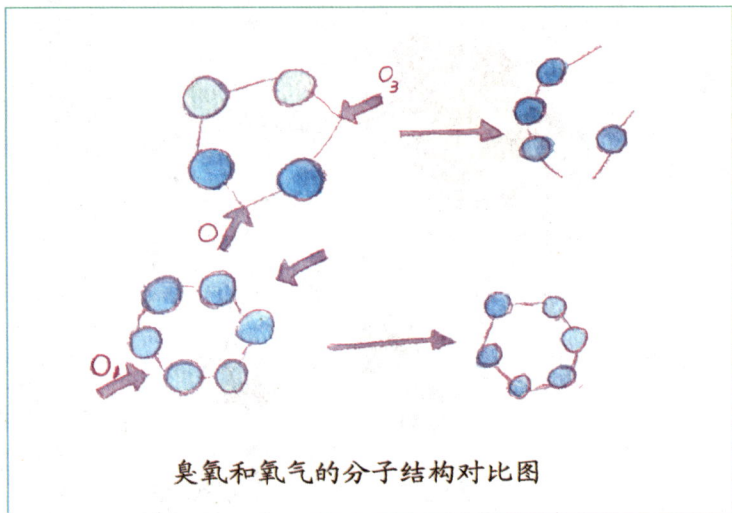

臭氧和氧气的分子结构对比图

氧气的。不过，相比较而言，压缩冷却空气的方法用的更多一些，因为空气的资源丰富，随处都能取得原材料，比较方便。再者，用压缩冷却空气的方法技术较为简单，操作也比较方便易懂。因此，现在工业上大规模生产氧气的企业一般采用的都是压缩冷却空气的方法。

小链接

臭氧是氧气的同素异形体，它是由三个氧原子构成的，具有与氧气完全不同的化学和物理性质。在南极上空，臭氧的浓度很高，它就像一把大保护伞，将地球笼罩在它的怀中，保护

地球上的人们免受紫外线的强烈照射。在高海拔地区，臭氧层能够隔离来自太阳的紫外线辐射，但是，如果臭氧出现在接近地表的地区，那么这些臭氧就不是保护人们，而是一种污染了，这种污染就是大气污染中非常常见的光化学烟雾，会对人们的生产和生活造成很大的影响。就像臭氧的名字说的那样，臭氧是一种有腥臭味的蓝色气体，就像火焰的蓝色一样。所以，不管从哪个方面来说，臭氧都已经和氧气完全不一样了。

师生互动

学生：水有三种形态，那么臭氧也会有三种形态吗？

老师：在一般情况下，我们所接触到的臭氧都是气态的，就像我们平时见到的水都是液态的一样，不过，在一定的环境下，臭氧的形态也是可以像水一样转变的呢！气态的臭氧是蓝色的带有腥臭味的气体，浓度很高的时候，这种气味和氯气的味道非常相似。而经过特殊手段处理过的臭氧，也会出现液态和固态两种形态，液态的臭氧是深蓝色的，而固态的臭氧颜色就更深了，会出现紫黑色，要是不仔细看，就像黑色的一样。所以，其实现在的很多物质都是可以有三态的呢！只要我们的科技不断发展，越来越多的物质和形态就会被发现。

氟，臭氧层的杀手

◎ 电视上的节目里正在播放和南极有关的镜头。智智看到憨态可掬的企鹅突然产生了一个疑问。

◎ 智智带小红去动物园，智智又一次看到了可爱的企鹅。

◎ 智智吵着要把企鹅带回家，爸爸不让，说企鹅只有在非常寒冷的地方才能生活。

◎ 在教科书上出现了企鹅在南极幸福生活的画面。

氟的简历

你去过南极吗？如果没有，那在电视上总该看到过南极的景象吧？在白茫茫的冰天雪地中，企鹅扭动着它们笨拙的身子，开心地在冰上觅食、打闹，可爱的样子捕获了很多人的心。然而，随着科技的发展，企鹅们这样欢快的日子可能就见不到了。因为现在原本笼罩南极上空的臭

氧层正在出现一个巨大的空洞，并且有越来越严重的趋势。如果有一天，这个空洞扩大到将整个南极吞没，那么不仅仅是企鹅，就连我们人类可能都会灭亡。那么究竟是什么原因造成的这个臭氧层空洞呢？科学家们经过很长时间的研究后才发现，含有氟利昂的气体排放到大气中是造成臭氧层空洞的最主要原因。那么，现在就让我们一起去认识一下造成这种后果的氟元素吧！

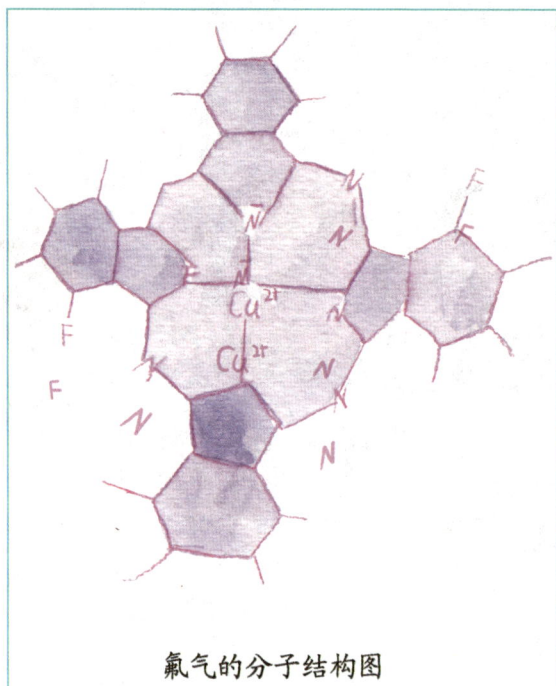

氟气的分子结构图

氟元素在元素周期表中紧挨着氧元素，所以它的性质在一定程度上和氧元素的性质有些相似。不过，不同的是氧元素是氧族元素中的一员，而氟元素却是卤族元素的家庭成员。氟元素的单质是含有两个氟原子的气体且有毒，还有很强的腐蚀性，是一种和氯气比较相似的淡黄色气体，因它排名比较靠前，所以它的化学性质也非常活泼，甚至可以和

一些惰性气体在一定条件下发生反应。氟还是制造特种塑料、橡胶和冷冻机的原料呢！最特别的是，由氟元素构成的氢氟酸是唯一一种能和玻璃发生反应的无机酸，这足以说明氢氟酸的威力有多大了。在目前已知的那么多元素中，氟的氧化性是最强的，也是非金属中最活泼的元素，氧化能力比氧气可强的多了。不过，这么强的能力也导致了由氟元素形成的各种物质一般来说腐蚀性都非常大，所以一旦要操作和氟元素有关的东西，一定要小心操作，不然会造成很严重的后果。特别要注意的是，操作时，皮肤和眼睛不能接触到氟化物的液体或者它的蒸气。氟气在与水发生反应的时候，还能形成臭氧呢！不过产生的臭氧的量是十分少的。

氟的身世

说起来，氟元素的发现也是充满戏剧性的呢！在 19 世纪初，科学家其实并没有关注到氟这种元素。那时，人们的关注焦点仅仅局限在当时非常热门的酸和碱身上。后来，科学家终于通过反复分析确定了盐酸的组成，也知道了在盐酸中氯元素的重要性，氯元素就这样被发现了。说来也巧，氯元素正好和氟元素位于同一个主族，并且都是卤族元素，性质非常相似。因此，科学家就通过这样的联想方法确定氟肯定也是一种元素，相应地存在于氢氟酸中。不过那个时候氟元素的单质状态并没有被人们发现，直到 19 世纪 80 年代，氟的单质才终于被莫瓦桑分离出来。著名的化学家拉瓦锡在 1789 年他创立的元素周期表中。将氢氟酸基当做一种元素放进了元素周期表。到了 1810 年，戴维确定氯是一种元素，同一年，法国科学家安培根据氢氟酸和盐酸相似的性质，大胆推断氢氟酸中也存在一种新的元素，并建议按照氯元素的命名方式为这种新的元素命名，氟元素的名称就这样宣告诞生了。其实，比较一下氟元素和氯元素的发现史，你会发现非常有意思。在氯被确定为是一种新的

元素之前，人们已经得到了氯气这种物质，可是在得到氟气这种物质之前，人们就已经确定氟是一种新的元素了。这就是科学，有规律可循，偶尔还会调皮一下。

　　氟元素的发现充满了偶然性，在确认氟是一种新的元素之后，科学家们一直都没有找到办法分离出氟元素的单质氟气。就在科学家们分离氟元素失败的时候，一个原本名不见经传的人物出现了，他就是成功分离出氟气的莫瓦桑。莫瓦桑于1852年出生在法国巴黎的一个贫困家庭中，他的父亲是一名铁路职工，母亲没有正式的工作，莫瓦桑在少年时

代就经常为生计发愁，在接受了几年初等教育之后，他被迫辍学了，但是这并没有将莫瓦桑想要学习的念头打压下去，反而让他坚定了继续学习的信心。后来，莫瓦桑用半工半读的方式在弗累密及台赫伦手下学习。皇天不负有心人，莫瓦桑的才华终于被老师台赫伦看中了，从此莫瓦桑就专心地从事着化学研究。在巴黎药学院担任实验助理期间，莫瓦

桑在弗累密的指导下从事着提取氟元素的研究课题。在对前人的失败原因进行总结后，莫瓦桑还是经历了很多次的失败。其中，还因为发生了四次的中毒事件而被迫暂停实验。后来，莫瓦桑在反复的实验中终于发现，电解质的影响是这个实验的关键。莫瓦桑尝试着用液态的氟化氢作为电解质，实验终于成功了！莫瓦桑终于收集到了黄绿色的气体，也就是氟气！

氟和臭氧层的渊源

说道臭氧层，大家第一个联想到的词是什么？是南极？是企鹅？还是氧气？现在可能提到的不是很多了，不过如果在十几年前问这个问题，那么很多人的第一反应一定是氟利昂。氟利昂是一种什么物质呢？

它是在20世纪20年代左右合成的，化学性质非常稳定，不可燃也没有毒性。看到这有人会问了，既然氟利昂这么好，为什么现在冰箱中不提

倡用了呢？这是因为氟利昂排放到大气中之后会存留很长的时间，数百年也难以分解，这就会导致对流层中有很多非常稳定的氟利昂存在。这么多的氟利昂待不住的时候就会向别的地方逃窜，一部分的氟利昂就会来到平流层，在一定的条件下，平流层中的氟利昂会在强烈紫外线的作用下被分解，释放出的氯原子会和臭氧发生反应，不断地对臭氧分子进行破坏。经过科学家的估算，人们发现一个氯原子可以破坏数万个臭氧分子，这个数量是非常惊人的，因为臭氧层中的臭氧分子并不是说被破坏了之后就能重生的，相反，它一旦被破坏就会形成空洞，这个空洞还会越来越大，直至臭氧分子被消耗尽为止。根据资料研究统计，2003年，臭氧空洞的面积已经达到 2500 万平方公里了，若是在南极上空用卫星拍一个云图的话，那么就会出现一个非常大的黑色窟窿，就像电视里我们常常能见到的黑洞一样。那么，破坏了臭氧层之后，会对人体造成什么样的影响呢？最直接的就是紫外线的强度明显增强了，因为臭氧层阻挡了很大部分的紫外线，对人类来说，这也意味着患皮肤癌的概率大大增加了。因此，现在政府已经下了明确的命令，禁止在冰箱、空调等制冷剂中加入氟利昂，这也是为了防止臭氧层空洞继续增长的一个措施。

小链接

你知道比硫酸还强的酸吗？

在我们的印象中，硫酸似乎已经是最强的酸了，但是在化学里，硫酸可不是最强的酸哦！氢氟酸就是比硫酸还强的酸，所以碰到氢氟酸的话一定要小心啊！

师生互动

学生：氟和健康也有关系？那么它会影响我们身体的哪些方面呢？

老师：要回答这个问题，首先要知道氟元素在我们身体的哪些部分存在的最多。大家都知道氟元素是人体内重要的微量元素之一，尤其是骨骼和牙齿中，含有非常多的氟元素。氟化物和人体的生命活动以及牙齿、骨骼组织的代谢活动密切相关。我们如果看电视的话会发现，现在的牙膏宣传的口号打的就是含氟，这是因为少量的氟可以促进牙齿珐琅质对细菌酸性腐蚀的抵抗力，能够防止龋齿的产生。所以说少量的氟化物对人体还是有好处的，对于老年人来说，适当服用含氟的食物可以缓解骨质疏松的症状，有利于人体的健康。所以说，作为人体重要的微量元素，缺少氟可是不行的哦！

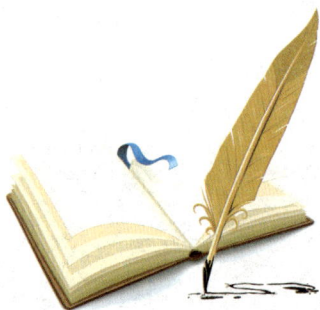

你知道稀有气体吗

◎智智正在学习化学中的元素周期表，看到右侧一排标着零族的元素非常好奇。

◎第二天，智智到学校问化学老师，这一排是什么元素，结果得到了令人意外的回答。

◎智智回家了还在一直念叨惰性气体，结果被妈妈发现告诉了爸爸。

◎爸爸把智智叫了过来，告诉他平时要是偷懒的话就会变得和惰性气体一样了。

这是惰性气体！

右侧一排标着零族的元素是什么元素？

元素周期表

稀有气体真懒惰！

稀有气体指的是一类物质，并不是我们之前了解到的一种元素而已。那么，稀有气体的这个名称是怎么来的呢？原来稀有气体被刚刚发现的时候，化学家认为它们是很罕见的，所以才会被命名为稀有气体。后来，科学家经过不断的实验后发现，并不是所有的稀有气体都是很罕

见的，因此又有人称呼它为惰性气体，因为它们的反应性很低，而且还不曾在大自然中出现过化合物。最近，又有研究表明这些稀有气体是可以和其他的元素结合生成化合物的，只不过这种过程需要人为地干预，所以还有人称呼它们为贵重气体。现在，这三个称呼都有人用，不过用得最多的还是稀有气体和惰性气体两种。那么，稀有气体为什么这么

元 素 周 期 表

"懒惰"呢？这其实和它们的最外层电子排布有很大的关系。零族元素的原子最外层电子构型除了氦以外都是八个电子的构型，这在科学上被认为是最稳定的构型，因此稀有气体的化学性质非常不活泼，而且在自然界中也没有找到这些稀有气体的元素能和其他元素形成化合物的证据，所以科学家一致认为它们是不能和其他物质发生反应的，在整个元素周期表中是最特殊的存在，也是最懒惰的一个，因此科学家又把它称之为惰性气体。这么看，稀有气体是不是真的非常懒惰呢？

预言也是科学发现的一种

　　了解了稀有气体的一些基本性质之后，大家是不是对它们的来历感到非常好奇呢？照理说，不能和其他元素形成化合物，在自然界中的含量还这么稀少，那么当时的科学家又是怎么发现这些元素的呢？其实，科学家能够发现这些元素也是一个偶然呢！这还是托了预言的福。1868年，科技还不是非常发达的时候，人们就对太阳系充满了好奇。到底太

空中存在着什么样的物质呢？在广阔的太空里真的还有和地球一样的星球存在吗？这些问题困扰着很多科学家，尤其是专门研究天体的天文学家，做了很多关于太阳系的研究。后来，天文学家在太阳的光谱中发现一条特殊的黄色谱线，这和早就已经被科学家发现的钠元素的黄色射线有一些不同的地方。天文学家们就此预言说太阳中可能有一种未知的元

素存在。后来还有人将这种元素命名为"氦",意思就是"太阳的元素"。在此之后,时间的车轮又向后滚动了二十多年,拉姆塞第一次证明了地球上也存在氦元素。1895 年,美国的著名地质学家希尔布兰德偶然间发现钇铀矿在硫酸中加热的时候会产生一种从未见过的气体,这种气体不能自燃也不能助燃。拉姆塞知道这件事后,用钇铀矿重复了这个实验,也得到了少量的特殊气体。后来,拉姆塞在用光谱分析法检验这个气体的时候,却非常意外的发现这个气体的谱线和已知元素的谱线没有一个是相符的。经过很长时间的苦思后,拉姆塞终于想起了二十多年前天文学家们发现的太阳中的元素,当时,那种元素的谱线就和现在他得到的谱线类似。拉姆塞是一个非常慎重的人,为了证实自己的猜测,他请来了当时英国最著名的光谱专家克鲁克斯帮助他一起检验,经过几天的艰苦研究,终于证实拉姆塞得到的气体就是"太阳元素!"这也是第一种稀有气体的发现。此后,拉姆塞坚持着自己的研究,陆陆续续又发现了三种稀有气体:氪、氖和氙。凭借着拉姆塞对稀有气体的杰出贡献,他最终获得了诺贝尔化学奖。

原子结构的发现也是托了稀有气体的福呢!

科学的发展一环接着一环,一种物质的发现而也会给其他物质的发展带来转机。稀有气体的发现对于原子结构的理解就是其中一个非常好的证明。1895 年,法国的化学家亨利·莫瓦桑为了证明稀有气体与别的物质是否真的不能发生化学反应而进行了一系列的实验,其中的一个实验是电负性最高的氟和稀有气体氩之间的反应。后来实验失败了,也就说明起码氟和氩是不能发生反应的。但是这个实验却促进了科学家对原子结构的理解。1913 年,丹麦科学家玻尔根据一系列的稀有气体与其他物质之间反应的结果提出,原子中的电子以电子层的形式围绕着原子核排列,除了第一个稀有气体氦之外,其他的稀有气体最外层都是 8

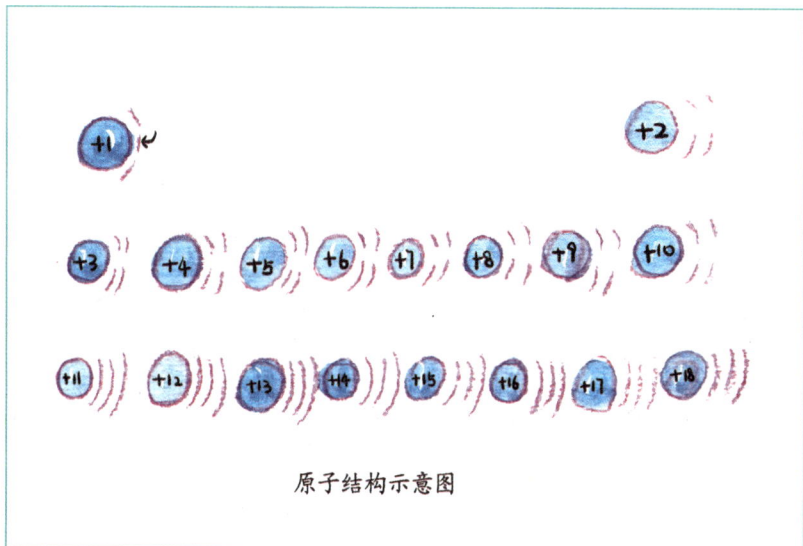

原子结构示意图

个电子。1916 年，吉尔伯特·牛顿·路易斯在玻尔的设想上制定了八隅体规则，就是说最外层 8 个电子的排布是最稳定的，因为此时的原子是处在能量最低的状态，它们不需要更多的电子以填满其最外层电子层。但是，事情在 1962 年发生了改变，因为尼尔·巴特利特竟然发现了首个稀有气体六氟合铂酸氙，这就说明在一定的条件下，稀有气体还是能够跟一些物质发生反应的。在这之后，稀有气体元素形成的化学物陆陆续续被发现，这也在一定程度上对先前的原子结构理论构成了挑战。但是大量的实验证明，最外层 8 个电子的结构确实是非常稳定的，稀有气体也就是因为这样才难以跟其他物质发生反应。

小链接

　　稀有气体虽然在自然界中的含量不高，但是它对大自然的影响可是不容忽视的。现在，科学家对稀有气体的了解已经很深入了，也发现了很多稀有气体在生活和工业上的应用。对稀有气体的应用最先体现在它的不活泼性上，在某些行业，常常用稀有气体来当作保护气，比如在焊接精密零件或者是非常活泼的金属的时候，经常会用氩作为保护气。而且，稀有气体在通电的状况下会发光，这个性质也被人们用到了很多方面，比如世界上第一盏霓虹灯就是填充了氖气才制成的，因为氖灯射出的光线透射能力很强，即使是非常浓厚的雾也能穿透，在空气中有很好的能见度。

师生互动

学生：稀有气体是不是真的不能和其他物质发生反应呢？

老师：这当然不是绝对的。在科学家刚刚发现稀有气体的时候，他们认为稀有气体的性质非常稳定，在做过一些实验后也确实证明它们不能和其他的物质发生反应。但是，现在已经有科学家证明，一些稀有气体还是能与其他物质发生反应的。不过，一般这种反应都需要比较严格的条件。比如说在 1962 年的时候，尼尔·巴特利特发现了首个稀有气体化合物六氟合铂酸氙，这个化合物的发现也意味着稀有气体也是能够和其他物质发生反应生成化合物的。之后，和稀有气体有关的化合物陆续被发现，所以之前科学家认为的稀有气体不能和其他物质发生反应的推论也就被推翻了。其实，从这件事中也可以发现，科学的结论并不是绝对的，不能盲目地相信权威，要有自己的想法和主见。

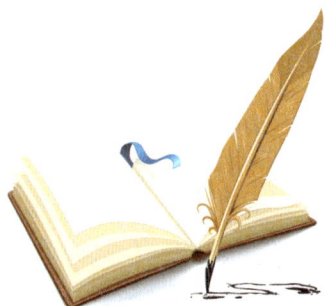

调皮的钠弟弟

◎妈妈正在为智智准备好吃的早饭，第一
道菜是煎的黄澄澄的荷包蛋。

◎智智迫不及待地夹了一块鸡蛋吃，结果
一下子就吐了出来。

◎妈妈听到智智的话才想起来刚刚确实是
忘记放盐了，于是拿着装盐的盒子走
过来。

◎在荷包蛋上撒上一点细盐后，智智吃的
津津有味。

妈妈，鸡蛋里面没有盐，不好吃！

盐到底是什么东西呢？

    在中国，老人们常常会这样教育年轻人："我吃过的盐比你吃过的饭还多。"那么，这里面提到的盐是什么成分呢？在化学上，食用盐的主要成分是氯化钠，就是氯元素和钠元素形成的化合物。说起来，钠元素还是我们人体必需的几种微量元素之一呢！不过，盐吃多了可不好哦！因为太咸的东西首先是会破坏细胞的渗透压，造成细胞失水，接着，会导致体内的电解质减少，会造成人体的一系列不适症状。那么，

食盐里面的钠元素究竟是怎么样的一种物质呢？它和元素周期表中的锂元素有什么相像的地方呢？今天，就让我们一起来认识一下这位调皮的钠弟弟吧！

金属钠是银白色的物质，如果在它的金属块上切一刀，你会发现上面有非常明显的银白色光泽，但是很快，这种景象就会消失了，只是一眨眼的工夫，原本银白色的表面就会转变成暗灰色。这是什么原因呢？

科学家在研究过钠原子的结构后发现，钠原子的最外层只有一个电子，为了达到八原子的稳定状态，它就拼命想把自己最外面的那个电子丢掉，这就导致钠原子非常容易和其他的物质反应，从而失去最外层的电子。这也是钠弟弟调皮的最主要原因。如果现在有一小颗钠在你的手上，用手摸一下，再使劲一压，你会发现不用花太大的力气它就变形了！如果再把它投放到水里，它还会浮在水面上呢！不过，如果是在零下20℃的状态下将钠丢进水里的话，那就要小心了，因为它会和水发生剧烈的反应，不断在水面上游动转圈，还会散发大量的热，发出"吱吱"的声音。这是因为钠与水反应生成氢氧化钠和氢气的缘故，严重的时候还会发生爆炸呢！正是因为钠有这些特性，因此在保存的时候就要特别小心。现在，经过科学家们大量的实验研究发现，钠的保存最好的办法就是密封保存。不过，量的多少也决定了它究竟会被保存在哪个地方。如果是保存少量的金属钠的话，可以存放在液状石蜡、柴油或者不含游离氧和水分的矿物油中，如果是有大量的金属钠需要保存的话就要放在铁桶中密封，这样，钠才会因为失去反应的条件而暂时保持稳定。这样看来，钠是不是就像一个调皮的孩子，需要老师或者家长的管教呢？

钠原来是这么发现的？

在自然界中，元素种类多种多样，不过，元素的存在一般有两种形式，一种是像氧气等气体一样以单质的形式存在的，另一种是以化合物的形式存在的。那么钠会是以什么形式存在的呢？其实，结合之前已经提到过的钠非常活泼的性质，大家就应该想到了，钠只能是以化合物的形式存在。既然自然界中没有游离的金属钠，那么，科学家又是怎么发现它的呢？这其中，还有一段小故事呢！在19世纪初，意大利科学家伏特发明了电池，这一改革引起了化学家电解水的风潮。在电解水持续不断地成功后，英国化学家戴维突然出现了这样的一个想法能不能利用电池将苛性钾分解为氧气和一种未知的基团呢？在当时那个时代，科学家普遍认为苛性钾也是氧化物的一种。不过，戴维在连续几次试验后都只得到了氢气和氧气。后来，他改变想法，用苛性钾的熔融态进行实验，在阴极上终于出现了他想要的结果：一些具有金属光泽、类似水银的小珠出现了，其中，一些小珠迅速燃烧还发生了爆炸，并形成了光亮的火焰，另一些小珠虽然没有爆炸但是表面却变暗了，还覆盖着一层白膜呢！后来，证明戴维得到的这种金属小球就是金属钾。有了金属钾的

实验基础，戴维再接再厉，用熔融态的苛性钠进行同样的实验终于制得了金属钠！至此，金属钠终于出现在了世人面前。

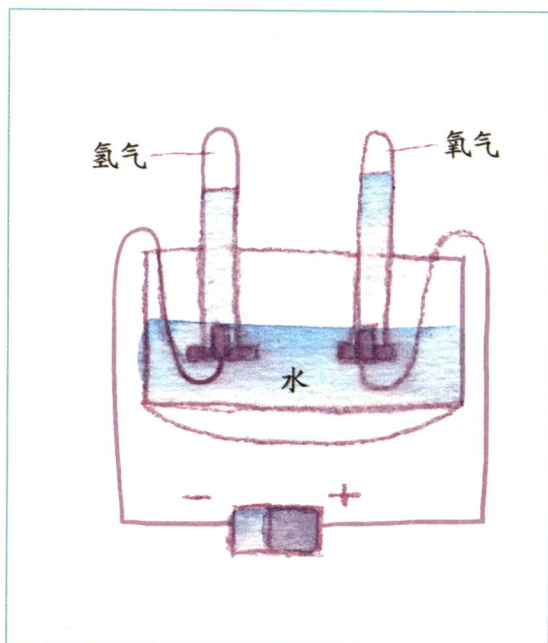

氢气　氧气

水

性质决定用途

之前我们已经接触了这么多的化学元素，你能说清哪一种最重要吗？很显然，元素的重要性并不是一句话就可以说明白的。不同的元素有着自己不同的性质，这也就导致了它在我们生活和工业中的各种不同用处。就要对人来说，性格决定命运一样，元素的性质也是决定它的用途的最好方式。那么就让我们先来认识一下钠的物理和化学性质吧！钠作为金属是热和电的良导体，也有非常好的导磁性，但是电线里面的导电材料用的却不是钠，因为钠的质地太软，而且性质非常活泼，要是导线里面用的是钠的话，没多久就会被氧化了，这样一来不仅成本高还不

安全，所以不会在电线里面用钠。钠原子的最外层只有一个电子，因此它就会想方设法将自己最外面的一个电子丢了，这样它的能量最低，也就能保持稳定啦！因此，钠原子就会具有非常强的还原性，能够和大量

的无机物、绝大部分的非金属单质和有机物发生反应生成各种化合物。要知道，纯净的金属钠在工业上是没有多大用处的，但是它一旦和其他的物质形成了化合物，那么用处就会很多了。比如说氯化钠是餐桌上的食盐，还能用来制取钛和钾，当然，生产氢氧化钠也是其中非常重要的一个应用。

小链接

在实验室里，钠是一种非常重要的试剂，但是，它在人体里面的作用也是不能够忽视的。要知道钠是人体中一种重要的无机元素，一般情况下，成人体内钠的含量会比儿童体内钠的

含量更高。那么，你知道哪些食物中含有钠元素吗？科学家经过研究发现，钠普遍存在于食物中，但是人体的钠来源却并不多，最主要的来源就是我们天天在和打交道的食盐了。不过喜欢吃腌制食品或者是用酱油制作的食物的人也会摄取比较多的钠，因为在这些调料中往往会含有很多钠的复合物。

师生互动

学生：钠对我们这么重要，为什么新闻上说食盐吃多了不好呢？

老师：你说的没错，钠对我们人体确实很重要，但是再重要的东西吃多了也会带来很多的负面影响。就像大家最喜欢吃的糖，甜甜的非常诱人，可是一旦吃多了，牙齿就会被蛀虫侵占，没过多久就会疼得不得了了。钠其实就像糖果一样，适量的时候对人体健康有很多的好处。但是过量了就会对人体造成很多不利影响了。这是因为钠和钙会在肾小管内的重吸收过程中发生很激烈的竞争，如果钠摄入量过高了，那么钙的吸收自然就减少了，大量的钙随着尿液排出体外，这样一来，我们的骨骼没有足够的钙元素来支撑，就会变得越来越脆弱，人的健康也就会受到影响了。

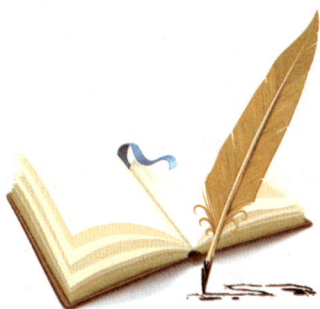

叫镁的不一定美丽

◎ 实验室里，老师正在准备给同学们演示的实验。

◎ 老师第一个准备演示的实验是镁在空气中燃烧，智智自告奋勇地来帮忙。

◎ 在装满氧气的集气瓶中，一点燃镁片就见到有蓝色的火焰出现，智智感到非常神奇。

◎ 智智看着蓝色的火焰陷入了沉思，镁到底是一种什么样的元素呢？

镁的发现原来是托了钙的福！

　　镁元素是自然界中分布最广的十个元素之一，即使把这个范围扩大到宇宙中，镁元素的含量也是宇宙中第九多的。不过，既然大自然中有这么丰富的镁元素，为什么它迟迟没有被发现呢？其实，这也是和镁元素的性质有关的。因为镁和钠一样，性质非常活泼，极易和其他物质形成化合物。当它成为化合物之后，就很难再变回到单质的状态了。在很长的一段时期里，化学家们都认为从含碳酸镁的菱镁矿焙烧获得的镁的氧化物苦土已经是不能够再分割的了。正是这种想法阻碍了科学家们从化合物中发现镁元素。后来，事情出现了转机，1789 年拉瓦锡制作了元素周期表，这是镁元素第一次出现在元素周期表中。1808 年，英国

化学家戴维采用电解的方法终于制得了金属钙。这个时候，戴维又开始想了，既然钙可以通过电解的方法得到，那么和它处于同一个主族的镁元素是不是也能用这种方法制得呢？如果可以，那么选用什么材料电解的效率会更高呢？在不断的尝试和失败之后，戴维终于找到了电解制备单质镁的好材料，那就是科学家一直认为是不能再分的苦土，也就是氧化镁。在一次实验中，戴维用电解苦土的方法终于成功制得了单质镁。从此，镁就被确定为元素了，这是不是应该感谢钙的制备呢？

抽筋了？吃含镁元素的食物吧！

在激烈地运动过后，大家常常会感到非常疲惫，特别想躺下来休息

一下。对于经常运动的人来说，这些都算不得什么，但是对于缺少运动的人而言，一旦经历了剧烈运动后马上就躺下来，可能就会引起严重的后果。其中，我们感受最深的就是腿抽筋了。晚上睡得最香的时候，小腿抽筋真的是一件难以忍受的事情。那么，你知道人在进行什么运动的时候最容易发生腿抽筋吗？专家经过研究发现，游泳是最容易腿抽筋的一项运动，因为它对腿部的要求比较高，同时，在游泳的时候抽筋又是最危险的一件事，因为腿使不上力气，就很容易被淹死。在我们很长时间的观念里，夜里受凉腿抽筋主要是由于缺钙引起的，但是科学家研究后发现，从人体对矿物质以及微量元素的需求来说，缺镁也是会发生这种现象的。如果人体缺镁，就会导致肌肉无力，耐久力降低。特别是对那些会在长时间里进行高强度运动的人来说，会大量消耗体内的镁，从而降低肌肉的活动功能，严重的还会造成人体抽筋。要知道，镁元素在人体运动功能中扮演非常重要的角色，因为在人体中那么多的生物化学反应中，几乎都是需要酶催化的，而镁就可以激活325个酶系统，在一定程度上来说，把镁称作生命的激活剂也不过分。人运动的同时，体内的很多酶促反应都在进行，这时如果缺少镁就会造成反应的停滞，人体也就会表现出各种症状了，抽筋便是其中非常典型的一种。所以抽筋的时候就吃一些含镁的食物吧！它能有效防止抽筋现象的产生呢！

镁元素的重要性相信现在大家都已经有了一定的了解了，那么我们应该从哪些地方得到镁呢？科学家们已经发现，镁元素广泛地存在于植物中，特别是绿色植物，它们进行光合作用需要在叶绿体中才能完成，而镁元素又是构成叶绿体的重要物质，所以一般绿色植物中都会富含一定的镁元素。不过，这些镁元素都是以化合物的形式存在的，不经过处理很难被人体利用。除了食物之外，饮水中也有镁元素的存在。你听过硬水这个名字吗？不要以为这种水很硬哦！之所以称这种水为硬水，是因为它含有很多的钙、镁离子。在农村，还有饮用井水的习惯，井水也就是我们现在所说的地下水，含有很多的钙、镁离子。如果你家里是饮

用井水的，那么一段时间后，你会发现烧水的壶和热水瓶上都会有一层白色的污垢出现，这便是钙、镁离子的原因。那么，除了绿叶的蔬菜，别的食物里面还有富含镁元素的吗？当然有，只不过绿叶蔬菜中相对来说镁元素的含量会更高一些。在食物中，诸如坚果、粗粮等也会含有丰富的镁元素。而像肉类、淀粉类食物以及牛奶中的镁元素含量就会稍微少一点。现如今，如果想要补充体内不足的镁元素，食用绿叶蔬菜会是一个不错的主意。

镁，不可小视

镁元素和我们的人体健康息息相关，它同时也是绿色植物光合作用的重要元素，那么，镁元素除了在这些地方起到作用之外，是否还有我们不知道的功能呢？科学家经过不断的实验和尝试后发现，镁元素在工

qiguaidehuaxue
yuansu

业上也具有非常重要的作用。首先，镁是航空工业的重要材料，尤其是研发出来的镁合金，广泛地用于制造飞机机身和发动机零件等。这是因为镁合金非常轻，但是又很坚固，正好符合飞机在空中飞行时要求的轻而坚固的特性。其次，镁还是其他合金尤其是铝合金的主要组元呢！当

镁合金

镁和其他元素配合时，能使铝合金热处理强化，有些金属还会利用镁的还原性在生产当中将它作为还原剂使用。由于镁的性质比较活泼，在保护底下铁质管道、石油管道的过程中起到了巨大的作用。大家都知道，铁放在空气中很容易生锈，即使是转移到了地底下，也会因为和氧气与水接触而生锈。那么，用什么方法可以阻止这种生锈从而延长铁质管道的寿命呢？利用镁就是一种非常好的办法，不过这种办法是用牺牲金属镁换来的。在铁质管道的一端放上金属镁，在电解质溶液中，由于镁比铁活泼，镁会优先失去电子而转变成镁离子，原本应该被腐蚀的金属铁就这样躲过了一劫。这种方法就是化学上俗称的牺牲阳极保护法，在地下管道的保护、海上设备的维护中用的非常广泛。

小链接

叶绿素里面也有镁元素吗?

你知道叶绿素是什么吗?它其实就是植物进行光合作用的重要元素,但是,你知道叶绿素是由什么元素组成的吗?除了碳、氢、氧之外,叶绿素中还有镁元素呢!

师生互动

学生:很多食物都富含镁元素,那么究竟哪一种食物中镁的含量最高呢?

老师:这个问题科学家已经研究过很多次了,在对几千甚至上万种食物进行实验后,科学家们发现,目前所知的含镁量最高的食物是紫菜。每100克紫菜中含镁量能达到460毫克呢!这在一般的食物中可是不多见的哦!所以,紫菜被人们称为"镁元素的宝库"呢!谷类植物中,小米、玉米、荞麦等镁的含量也是比较高的,还有像一些豆类、水果、绿叶蔬菜等镁含量都很可观。所以说大家不能偏食,多吃水果蔬菜对人体可是非常有好处的呢!

金属也有两性

◎ 幼儿园里，老师正在给小朋友们讲人是
　怎么来的。

◎ 突然，智智问了老师一个问题。

◎ 老师开始给智智解释这个问题，还说爸
　爸妈妈就是两种不同的人。

◎ 从人开始，老师又举例说动物里面也有
　公母之分，就像公鸡和母鸡一样。

什么是两性呢?

在这个世界上,最简单的人口分类是什么?大家可能会想了,不就是按照人种分类吗?黄种人、白种人和黑种人。不过,这还不是最简单的,虽然这种分类方法一点错都没有。其实,最简单的分类方法就是按照性别分为男人和女人,也就是我们所说的两性。人有男女,动物和植物也有雌雄之分,但是,你听说过金属也有两性的吗?很多人可能会觉

得这个问题很可笑，金属怎么会有两性之分？但是，不要怀疑，神奇的大自然中，真的有这样的金属存在。当然，金属的两性和人以及动植物的两性是截然不同的。今天，就让我们来好好认识带有两性的金属铝吧！

在化学上，我们一直把铝称为两性金属，那么铝真的也是有性别的吗？当然不是，金属是一种非生物物质，怎么能用性别去区分呢？那么，在化学上说的两性又是什么意思呢？这里的两性其实和性别有很大

的区别，在化学上，之所以把铝称为两性金属，是因为它既能跟酸发生反应，又能跟碱发生反应。要知道，在金属分类的时候，我们一直都将和酸碱进行反应的现象作为分类的重要依据，可是偏偏出现了铝这样一个异类。在和酸反应的时候，铝和其他的金属没什么不同，但是在和碱氢氧化钠反应的时候，问题出来了，它生成的竟然是偏铝酸钠！一种和

铝相似也是两性的化合物，同时还伴随着氢气的产生。要知道，金属只有在跟酸发生反应的时候才能产生氢气，可是铝竟然在跟碱反应的同时也产生了氢气！其实，在正常情况下，铝是不能够跟碱发生反应的，但是因为铝的性质比较特殊，所以它不但能跟碱发生反应，还能跟酸发生反应。利用铝的这种特殊的性质，科学家开发了很多和铝相关的产品，在人们的生产和生活中用的非常广泛。

比银还珍贵的铝

看到这个标题可能很多人都会产生一个疑问：铝怎么可能会比银还珍贵呢？照目前的行情来看，银的价格肯定比铝的价格高几倍甚至是几十倍呢！的确，目前来看，银确实是比铝要珍贵得多，因为银比较稀少。但是，在铝刚刚被发现的时候，可是极其珍贵的呢！这其中还流传着一个有趣的故事呢！1854 年，法国的化学家德维尔把铝矾土、木炭和食盐混合在一起，在不断地通入氯气的同时进行加热，终于得到了氯化钠和氯化铝的复盐。为了探究这个复盐里面含有什么元素，德维尔又进行了很多次的实验。在将复盐和过量的钠熔融时，德维尔最终得到了一种金属，就是我们今天的铝。当时，几乎没有人能大量地制取金属铝，又因为铝的外形美观，符合当时的审美情趣，再加上物以稀为贵的观念，铝一时成为了比银还珍贵的金属。据说在一次宴会上，法国的皇帝拿破仑独自使用铝制的刀叉，而底下的大臣用的则都是银质的餐具。从这个细节中就可以看出，当时的铝是有多么珍贵了。1855 年，在法国巴黎举办的国际博览会上，展出了一小块的铝，围观的人非常多，但是最吸引人眼球的还是旁边的标签上的说明，标签上有这样一句话："来自黏土的白银。"同时，这一小块银所处的位置还是在最珍贵的珠宝边上。这一切都说明了铝在当时的地位。那么，当时，铝的制备为什么这么少呢？这也是有原因的。要得到金属铝，必须达到很高的温度，

可是当时的技术有限，没有办法达到这个要求，即使有办法，造价也是非常高昂的。这种情况直到1886年才有了改善。当时，美国的豪尔和法国的海朗特分别独立地电解熔融态的铝矾土和冰晶石的混合物制得了金属铝。冰晶石有效降低了制备金属铝的温度，这种方法不断改进，一直沿用到现在，也正是这种方法的发现，使得今天的铝业有了巨大的发展。

铝也有这么多用途？

物质的用途在很大程度上取决于物质的性质，元素也是一样。铝的性质非常活泼，能和很多物质发生反应，这些性质也决定了铝有着非常广泛的用途。首先，因为铝的密度很小，可以和其他金属一起制成铝合金。铝合金可是在工业上非常有名的一种材料哦！铝合金目前广泛地用于飞机、汽车、火车、船舶等制造工业。如果你现在抬头看的话，有可能会发现你们家的窗框也是用铝合金制造的呢！除此之外，铝因为具有优越的导电性能，还广泛地用于电器制造工业以及电线电缆工业。比较特别的是，铝在空气中被氧气氧化时，表面会形成一层致密的氧化膜，这层氧化膜非常好地将里面的金属铝和外界的氧气以及水分隔开，能够保护里面的金属铝，防止它被腐蚀。因此，利用率的这个特性，人们常常用铝来制作化学反应器、医疗器械、冷冻装置、天然气管道等对容器

的要求比较高的物质。铝还有一个应用可能大家没有想到。那就是用铝粉来做涂料。铝粉是一种具有银白色光泽的粉末，在铁制品表面涂上一层铝粉，既好看还能保护铁质容器不被腐蚀，简直是一举两得啊！

说到金属铝，不得不提的就是我国高度发展的铝业。改革开放以后，我国的经济持续不断发展，很多产业也迎来了一个新的高峰期。这

不，铝工业就是其中一个非常有名的代表。目前，我国已经形成了从铝土矿、氧化铝、电解铝、铝加工到研发为一体的一个比较完善的铝工业体系。当能源价格不断攀升之际，世界的各大铝业公司开始将目光投向电力资源相对比较丰富，电价较低的中东和非洲国家。中国的铝业公司也正在实行走出去的战略，开始在国外设立自己的产业基地。在经过50多年的发展之后，中国已经成为了世界上有名的铝型材生产大国。据有关资料统计，截至2007年，中国还在生产的铝业公司有600多家，生产能力和产量均居世界第一，已经成为世界上最主要的铝型材生产和净出口的国家。不过，这也是有代价的。众所周知，像铝业之类的钢铁产业都是高污染高能耗的产业，在发展铝业的同时也不能忘记环境的保护和资源的节约。就目前来看，铝业的发展还是比较迅速的，在广西，就有一个专门的铝产业园区。工业的发展也给当地的人民带来了工作的机会和生活水平的改善。不过，值得注意的是，在当地，环境的污染已经渐渐成为制约发展的最主要原因，要想让铝工业取得长足的发展，就必须先改善当地的环境。

小链接

为什么做饭的时候最好不要用铝锅？

现在很多人做饭的时候都喜欢用铝锅，但是，铝锅用得多了可不是好事呢！因为铝一旦超标的话就会造成痴呆，小朋友的智力也会受损，所以做饭最好用铁锅哦！另外，有一些铝制的盆子啊之类的，也最好不要用来盛食物。

师生互动

学生：铝有这么多优点，那么它对人体会不会有害呢？

老师：如果适量的话，铝对人体是没什么危害的。但是，凡事都有一个度，如果超过了这个度，就会带来一些不利的影响。当铝不当使用的时候，就会对人体产生危害。大家都非常喜欢吃油条吧！豆浆油条的早餐搭配是中国人最喜欢的，但是这里就有一个问题，油条不能多吃，因为油条里含有一定量的铝，当食用油条过多时，就会导致铝在人体中慢慢蓄积。少量的铝是无毒的，并且铝引起的毒性是很缓慢的。然而一旦出现了铝中毒的迹象，那么引起的后果是非常严重的。最主要的影响就是人的大脑了。有研究表明，广泛地使用铝盐净化水可能导致脑损伤，造成严重的记忆力丧失，也就是早期的老年痴呆症的症状之一。这是一种非常严重的疾病，因此在我们的日常生活中一定要注意尽量少摄入一些含铝的食物。

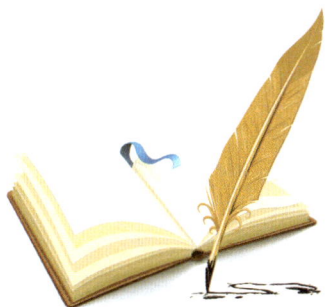

这里的硅可不是慢吞吞的龟哦

◎ 睡觉前，爸爸正在给智智讲龟兔赛跑的故事。

◎ 在爸爸讲到兔子因为睡觉而被乌龟超过的时候，智智突然问了一个问题。

◎ 爸爸正在给智智解释这个问题。

要是兔子不睡觉的话，就一定能赢乌龟？

龟兔赛跑的"龟" 不等同于这里的"硅"？

　　大家小的时候都听说过龟兔赛跑的故事，也对故事中凭毅力赢了中途睡觉的兔子的乌龟印象深刻。乌龟慢吞吞的形象早已经深入人心了。不过，我们今天要介绍的可不是在龟兔赛跑中最终获胜的乌龟哦，而是在元素周期表中位于第十四位的元素硅，两个"龟"读音相同，性质上也有一些类似的地方，但是所处的地位和形态都完全不一样。在生活

中的龟是长寿的象征，也是慢的一个代表。而在元素中，硅是稳定的象征，也是硬度的表征。生活中的龟我们已经非常了解了，但是对元素周期表中的硅了解的却不多。现在，就让我们一起来好好认识一下元素周期表中的硅吧！

硅是一种非金属元素，也是一种良好的半导体材料，更是太阳能电池片的主要原料。如果给硅做一个名片的话，相信它的头衔比任何一个化学元素都多。在大自然中，硅的储量是非常丰富的。和其他的很多元素相似，硅在大自然中的存在形态也主要是化合物。硅作为仅次于氧的最丰富的元素存在于地壳中，主要就是以熔点很高的氧化物和硅酸盐的形式存在的。如果有幸能见到单质的硅的话，你会发现它是钢灰色的，但是要注意，没有定型的硅是黑色的。晶体硅是一种原子晶体，表面很硬，并且具有光泽，还具有半导体的性质，结构和金刚石非常相似，但是性质却有很大的差别。硅的化学性质相比较在元素周期表中位于它前面的元素而言，并不算非常活泼，但是在高温下，硅也能和诸如氧气之类的很多元素发生化合作用而生成别的物质。硅不溶于水，也不能在强酸硝酸和盐酸中溶解，但是在最强的酸氢氟酸中还是能够溶解的。硅也能用于制造合金，但是用的远远没有镁和铝广泛。单质硅最重要的用途还是用于制造晶体管等电子元件中，因为硅单质是一种非常重要的半导体材料。当单质的硅遇到氧气时，并不是马上就能发生反应的，必须有一定的反应条件才行。这种条件的制约也使得硅和氧气的反应比较难发生。但是，硅和氧气一旦发生反应后，生成的二氧化硅却是一种非常重要的材料。可能你现在身边就有用二氧化硅制造的东西呢！二氧化硅是玻璃的重要原料，很多玻璃制品中都含有二氧化硅。这样一看，硅的作用是不是很大呢？

硅的来源和用途

大家可能会有点好奇，硅这个元素的名字到底是怎么来的呢？为了解开这个谜团，我们首先要做的就是了解硅是什么时候被谁发现的。据资料记载，硅这种元素的发现要追溯到1787年，还是那个熟悉的名字拉瓦锡，在一次对岩石进行的实验中首次发现有硅这种元素的存在。然而，时间的车轮滚动到了1800年，同样是有名化学家的戴维却错误地认为这种物质是化合物并不是我们熟悉的单质。硅的发现又被往后推了。1823年，硅首次作为一种元素被贝采利乌斯发现，同时，贝采利乌斯还在一年后成功提炼出了无定形硅，并且还用反复清洗的方式将单质硅提炼出来了。也就是这样，硅正式和大家见了面。但是，这种新元素的命名却难倒了发现并提取它的科学家们。经过反复推敲之后，他们终于为这种元素取了很贴切的名字"silicon"，意思为燧石，就是指火石中有很多的硅元素。在民国初期的时候，很多西方的文化传到了国

内，化学便是其中非常重要的一门。当时的学者们翻译硅的英文时，考虑到这种元素在土壤中比较多，就参考了汉字"畦"，将它音译为"硅"，在 1953 年召开的全国性的化学物质命名扩大座谈会上，正式确定了硅这个名字以及它的念法。

这叫什么？

在大自然中，乌龟作为生活在海边的生物，除了能给我们带来视觉上的享受之外，衍生出来的故事也是我们茶余饭后最好的消遣。但是，化学元素硅可不仅仅具有生物龟的这些作用，它可还是我们在生活和生产上的好帮手呢！首先，高纯的单晶硅是重要的半导体材料，可以用来制作太阳能电池，将辐射能转变成电能，还能用于制作电子线路板等，是一种非常好的材料。其次，硅还可以用来制作陶瓷和金属的复合材料，这样制作出来的复合材料能够耐高温，还可以切割，在军事和飞机制作上也有非常重要的用途。当然了，说到金属硅不得不提的就是它在光纤通信上的重要作用了。用纯二氧化硅拉制出来的高透明度的玻璃纤维可以让激光在里面的通路里无数次全反射向前传输，是笨重的电缆最好的替代品，现在在无线通信的中用的非常之多。不知道大家有没有见过一种塑料是用有机硅制成的？这种塑料是非常好的防水涂布材料，如果在地下的管道上喷涂有机硅，就可以一下子解决渗水带来的问题。就拿天安门广场上的人民英雄纪念碑来说，就是经过有机硅塑料处理表面的，所以经过了这么多年的风吹雨打，它的表面始终保持着原本白洁如玉的样子。时间是证明一切的最好办法，看看现在的人民英雄纪念碑，大家就会知道有机硅塑料的作用是多么巨大了，难怪现在很多的建筑都会在表面刷上一层有机硅，为的就是保持建筑最原本的面貌。

硅也有同素异形体

在之前我们已经介绍过了碳有同素异形体的存在，就是指虽然都是由同一种元素组成的，但是物质的物理和化学性质都有所差别。那么，硅是不是也和碳一样，存在着它的同素异形体呢？在早期，科学家们对硅不是特别了解的时候，认为硅的化学性质不够活泼，应该没有同素异形体，但是硅和碳处在同一主族，理应具有相似的性质，因此科学家还是进行了很多的研究。在一次次的尝试和实验后，科学家终于发现了硅的两种同素异形体。第一种是暗棕色没有固定形状的粉末，是在使用镁作为催化剂还原二氧化硅的时候得到的，性质比一般的单质硅要活泼，还能够在空气中燃烧，被人们称为无定形硅。第二种是性质比较稳定的结晶硅，是用炭在电炉中还原二氧化硅得到的。这两种同素异形体在化学性质上相差的不大，但是在物理性质上相差的就比较大了，不光是外形完全不一样，就连状态也是不一样的。除此之外，硅还有一些比较有名的化合物，其中大家最熟悉的估计就是二氧化硅了，就是俗称的石英，硬度很大，是白色透明的晶体，最常用的就是制作玻璃。在自然界

中，游离态的硅一般是找不到的，但是硅的化合物却是常常能见到的，不只是因为硅的化合物性质比较稳定，还因为硅的化合物在地壳中的含量非常高，仅次于氧，可想而知硅的丰富程度了。

小链接

硅的硬度大吗？

玻璃里面的主要成分是二氧化硅，但是大家都知道，玻璃摔一下的话很容易就碎了，从这些事实可以看出来，硅的硬度其实并不大。

师生互动

学生：硅都是以化合物的形式存在于地壳中的，那么科学家是用什么方法制备出硅的呢？

老师：在实验室中，硅的制备方法很多，一般我们会采用的主要是两种，一种是用镁做还原剂还原二氧化硅，另一种也是还原二氧化硅，不过用的还原剂是碳。现在在工业上采用的方法是第二种，因为用这种方法制得的硅纯度能达到97%~98%。但是，这样我们得到的硅还只是粗硅，要想得到纯度为99.8%左右的硅还需要进行一系列的结晶措施，比如将粗硅融化后重结晶等。在工业上制备硅还需要考虑经济的因素，因此采用的方法都是设备少易得的。

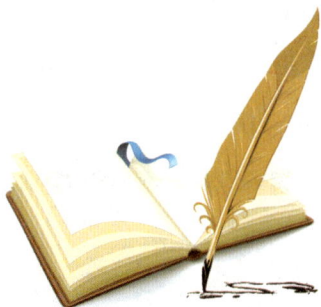

有氮没有磷也不行

◎电视上正在播出无锡市民抢购超市饮用水的画面。

◎智智看着这个画面，很好奇地问妈妈："妈妈，他们为什么要抢水呢？水不是很多吗？"

◎妈妈也不是很了解，于是开始上网搜索。

◎在网上搜索一段时间后，妈妈告诉智智，原来是当地的太湖被污染了，当地的人就没有水喝了。

妈妈，他们为什么要抢水呢？水不是很多吗？

无锡市民抢购超市饮用水。

当地的太湖被污染了，当地的人就没有水喝了。

太湖危险！救救太湖！

在 2007 年 5 月 29 日，无锡的市民经历了对他们来说历史上最漫长的一天，作为生命之源的水资源遭到威胁了。整个市区全面停水，人们大量地抢购超市里的矿泉水，就像是经历什么饥荒一样。那么，究竟是什么原因造成无锡市的停水呢？原来，无锡紧邻太湖，市区人们的饮用水都是来自于太湖。当太湖的水资源受到污染的时候，水质就没有办法

达到标准，也就不能进入市民家中。当时，有人在太湖边上拍摄的照片真的令人触目惊心，大片的水域全部被墨绿色的蓝藻覆盖，几乎看不到水的颜色了。太湖的蓝藻为什么会这么大面积的爆发呢？专家经过研究后发现，这完全是由于水体的富营养化导致的。尤其是在农业中，农民喜欢给庄稼施氮肥和磷肥，而氮、磷这两种元素又是藻类最喜欢的营养元素。在氮磷丰富的水体中，藻类就会大量的繁殖，并大量消耗水中的

溶解氧，水中的其他动植物大量死亡，分解者来不及分解动植物的遗体，从而影响水体的水质。从这点就可以看出来氮磷元素对水体的重要性有多大了。不过，磷比氮的重要性可能更强烈一些。前几年，一些日用品公司开发的洗涤剂中含有磷元素，虽然可以提高去污的效果，但是磷元素在污水中自己不能分解，会随着生活污水进入水体，从而在水体中富集，并进而造成水体的富营养化。太湖的蓝藻爆发便是氮。磷元素

日积月累的结果。所以，现在政府已经加强了对氮、磷元素排入河道的监控，洗涤剂里面也禁止添加磷元素，希望这些措施能带来显而易见的效果。

磷的自我介绍

磷，元素周期表中位于第十五位的元素，在自然界中找不到它的单质形态，一般都是以磷酸盐的形式存在的。当然，在生物体中也是能够找到磷元素的，因为它是细胞膜的主要成分之一。磷在人体中的主要分布在骨骼和牙齿中，它不但参与构成人体成分，并且还参与生命活动中非常重要的代谢过程，是机体中很重要的一种元素。同时，磷元素在食物中的分布也非常广泛，甚至是在动物的乳汁中也能找到磷元素，所以说磷是与蛋白质并存的。磷的名字最早是来自于希腊文，原意是"发光物"，而翻译到中国后，科学家是以薄石的意义为这种元素命名的。大家是不是对磷的本义非常好奇，为什么国外的科学家会称呼磷为发光物呢？这是因为磷在空气中会因为自燃而发光。很早以前，中国的鬼故事里面常常会有这样的场景，在夜深人静的时候经过墓地，常常会有绿色的光时隐时现，吓坏了很多人，也让人们对这种"鬼火"猜测多多，从而也带来了很多有意思的故事。但是，科学家经过对这种现象的研究后发现，这些绿色的光并不是人们认为的什么鬼火，而是尸体里面的磷元素自燃而产生的现象。了解科学之后，其实很多谣言都会不攻自破的。

磷元素的发现比较早，但是一直都存在着很多的争论。不过要说最早发现磷元素的人，当推十七世纪的一个德国汉堡商人。这个商人非常相信炼金术，他听说可以从人的尿液里面制得黄金，就决心要试一试。为了发财，这个商人什么都愿意尝试，用尿液制黄金的实验他进行了无数次。1669年，德国商人在一次实验中，将砂、木炭、石灰等物质和

自己的尿液混合，加热蒸馏后虽然没有得到黄金，但是却得到了一种让他非常惊讶的物质。这是一种异常美丽的东西，它有着白色柔软的外观，还能在黑色的地方发出隐隐约约的绿光。当时，德国商人没有继续进行实验，所有也就没有确切地得到磷这种元素。不过他做实验得到的

物质却是如今我们称之为白磷的物质。1678 年，德国的化学家孔克尔打探到德国商人得到发光物质的方法，也进行了自己的实验。不过，他把这个实验进行了一下改进，将新鲜的尿先蒸馏后再取出黑色的残渣，放置在地窖里，等到黑色的物质腐烂后再将这些残渣取出，跟一定量的细砂混合，再次加热蒸馏，容器中就留下了磷的单质。后来，他为了介绍自己得到的这种新的物质，还专门写过一本书，名字就叫《论奇异的磷质及其发光丸》。

在孔克尔发现磷的同时，其他国家的一些科学家也在进行相似的实

验，他们包括英国的化学家罗伯特波义耳和汉克维茨。这些科学家为磷的发现做出了巨大的贡献。

一只小白鼠改变的战争结果

磷的发现给人们的生活和生产带来了巨大的改变，其中，磷在一场战役中发挥的巨大作用还成为了佳话呢！磷元素一共有 4 种同素异形体，化学性质都是比较相似的，但是物理性质的差距却很大。其中，影响了战争的便是磷的同素异形体里面的白磷。故事是这样的：在一次两军对峙中，双方都不敢轻举妄动，因为双方的实力相当，不过由于敌方

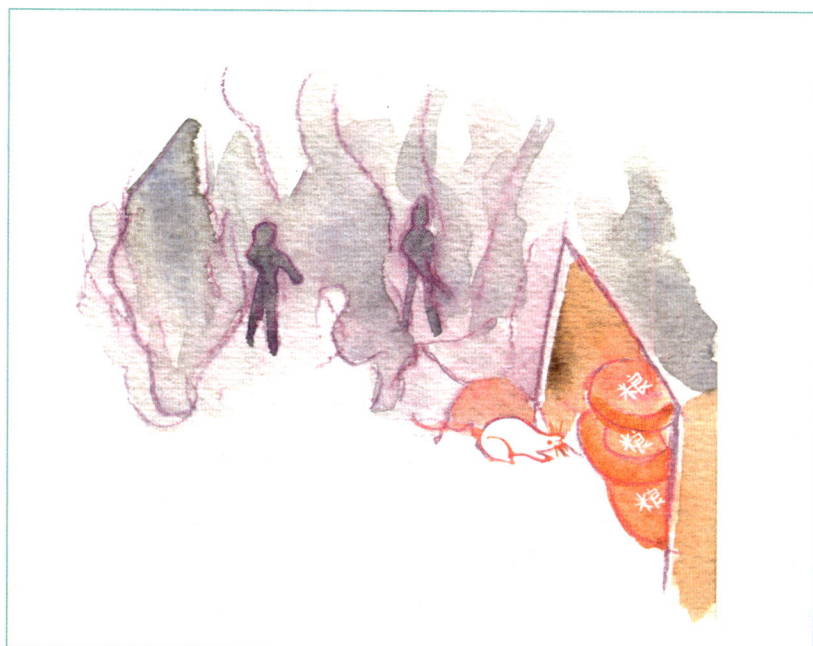

拥有充足的粮草而在士兵的士气上比我方略胜一筹。大家都知道，打仗最重要的就是士气，如何能击溃对方，使敌方失去战斗力呢？我方的军

师陷入了沉思。就在这时，一只活蹦乱跳的小白鼠就这样进入了军师的视线。

对了，可以利用小白鼠将敌方的粮仓引爆！这样一来，敌方的士气一定会大幅度下降，攻陷对方的地盘也就不成问题了。就这样，军师在小白鼠的背上绑了一块东西，引导小白鼠向敌人的粮仓前进。没过多久，前方就传来了剧烈的爆炸声，对方的粮仓真的爆炸了！我方也顺理成章地攻陷了对方的地盘。那么，军师在小白鼠背上绑的究竟是什么物质呢？其实，就是一小块白磷。

大家可能就会问了，白磷怎么能把这么大的粮仓引爆呢？这其实和白磷的性质有很大的关系。白磷的着火点很低，只要达到40℃就能自燃，如果周围有易燃物的话就会引起爆炸，威力非常大。也就是说，小小的一块白磷彻底改变了战争的结果。

小链接

白磷真的这么"厉害"吗？

白磷是一种淡黄色的半透明的固体，在黑暗中能发出微弱的光线，人们又把它称为黄磷，也就是战场上小白鼠绑的那个物质。如果把它放在空气中，它可能会"自燃"，所以，我们在实验室中接触到磷的时候，一定要小心。如果是做实验的时候有磷剩下，不要把它放回原处，也不要自己带走，最好交给老师处理。

师生互动

学生：磷元素真厉害！不过，除了白磷以外，磷还有哪些同素异形体呢？

老师：的确，磷元素的作用很大，但是说到能扭转整个战争的格局，了解磷元素的性质并灵活应运的人才是真的伟大。至于磷元素的同素异形体，那可是比硅元素多多了。目前已经发现的磷的同素异形体一共有 4 种，分别是黑磷、白磷、红磷和紫磷。其中，黑磷的化学结构类似石墨，可以导电，因此人们又把它称为金属磷。红磷是鲜红色的粉末，无毒，可以用白磷得到。紫磷见的比较少，用的也很少，化学结构是层状的，但是与黑磷还是有比较大的区别的。这几种同素异形体在自然界中都是可以找到的。随着科技的发展和技术的进步，相信科学家还会不断地发现磷新的同素异形体，这个工作可能以后就需要大家来完成了。

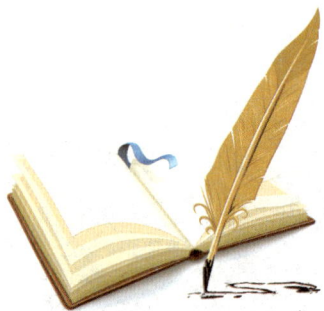

酸雨的罪魁祸首

◎妈妈正带着智智在公园里玩，可是在公园里面看到的雕塑不是脸已经模糊的就是少了胳膊的，智智觉得非常奇怪。

◎又一个残缺的雕塑进入了智智的视线，青儿忍不住问妈妈："妈妈，这里的雕塑为什么都坏了呢?"

◎就在这时，天空突然飘起了小雨，妈妈连忙拉着智智躲雨去了。

◎妈妈给智智解释为什么这些雕塑都是坏，原来都是这雨闯的祸呢!

快走！都是这雨闯的祸呢！

妈妈，这里的雕塑为什么都坏了呢？

被毁坏的雕塑

生活在南方的人每到六、七月份就会感觉到比较烦躁。这是为什么呢？原因很简单，那就是持续不断地下雨。因为六、七月份南方正好进入了梅雨季节，正是阴雨绵绵的时候。以往的话下雨就是潮湿了一点，其他的还好。但是随着工业的不断发展，问题开始出现了。一些工厂燃

烧煤炭释放的烟气直接排放到了大气中，在降雨的时候随着雨滴一起落到了地面，很多雕塑和建筑就是因为这种雨而失去了自己本来的面目，变得坑坑洼洼，不成形状了。这便是威力强大的酸雨。那么，究竟是雨水里的哪一种成分使得雕塑和建筑被毁坏的呢？今天，就让我们一起来解开这个谜团吧！

　　酸雨是指 pH 值小于 5.6 的雨、雪或者是其他各种形式的降水。当从天空中降落下来的雨水被大气中原本就存在的酸性物质污染的时候，降下来的雨水就会带有一定的酸性，当污染严重的时候，甚至会毁坏建筑和雕像。专家经过科学研究发现，酸雨的最主要成因是人为的向大气中排放各种酸性物质造成的。虽然这种物质排放的时候不一定能看见，

但是它们确实给我们的生产与生活带来了很大的影响。就比如说煤吧，我们现在的工业发展还离不开它，虽然我们都知道大量的燃烧煤会对我们的环境造成很严重的影响，但是为了人类的发展和进步，我们不得不继续使用煤炭。如果我们不小心经过一家火力发电厂，会发现它的烟囱一般建的都比较高。这是因为煤炭燃烧会产生大量的二氧化硫气体，如果烟囱不建的高一点，那么就会直接进入人类的生活环境，进而影响人们的身体健康。就我国而言。现在酸雨的最主要成因就是大量燃烧含硫量高的煤炭。所以我国的酸雨主要是硫酸雨而不是硝酸雨。酸雨降落到地面的形式一共有两种，一种是干性沉降，另一种是湿性沉降。两者最主要的差别就是形成酸性物质的时候有没有云雨等含有水分的物质。如果有，那么就是湿性沉降，如果没有，就是干性沉降。但是一般而言，干性沉降的危害更大一些。那么，哪些地方容易受到酸雨的侵袭呢？又有哪些地方受到酸雨袭击的时候危害最大呢？从酸雨的性质和形成条件上看，工业发达的地区酸雨的频率高，浓度大，而高山区更甚，因为高山区通常都会有云雾缭绕，因此酸雨区的森林受害非常严重，常常会成片成片的死亡。这样给人们带来的经济财产损失就大了，因此，如何防治酸雨是我们首要解决的问题。要了解酸雨，必须先知道形成酸雨的元素和它形成的化合物。硫元素便是这样进入了我们的视线。

炼丹家们的硫元素

硫元素的起源和其他元素的起源有很大的不同。在介绍过的这么多种元素中，几乎19世纪左右的时候才开始对这些化学元素重视起来，但是硫就不一样了，早在远古时代硫就已经被人们发现并使用了。不过，那个时候的技术远没有现在先进，对硫的使用也仅仅局限在某一个方面。说起硫的真正发现并使用，中国古代的人们和西方的人有很大的不同呢！在西方，由于所受的文化教育不同，当时古代的人们认为硫燃

烧时形成强烈的有刺激性的气味能够驱除魔鬼，是非常好的护身符。这样的习俗在古罗马的博物学家普林尼的著作中得到了体现，他曾经在书中写到："硫常常被用来清扫屋子，这是因为当时的很多人都相信硫燃烧形成的气味能消除一切妖魔和邪恶势力。"后来，聪明的古埃及人想到了用硫燃烧形成的二氧化硫来漂白布匹，还能用来消毒呢！同时间，

中国古代的人们也渐渐地开始使用硫了，不过他们把硫用在的地方可是和西方有很大的不同呢！中国古代有一段时间非常推崇炼丹，认为炼出来的丹药可以治病。而当时的炼丹家们使用的原材料就是硫、硝石和木炭等物质组成的混合物，也就是俗称的黑火药。不过，古代西方和中国的医药学家都会将硫用在医药中，这不，李时珍花费一生心血编著的《本草纲目》中便提到了硫在医药中的特殊作用：治腰肾久冷，除冷风

顽痹寒热，生用治疥癣。

虽然当时的人们对硫元素的性质和主要用途的了解没有现代人清晰，但是总而言之，硫在古代起到了非常重要的作用是不争的事实。

威力强大的硫酸

现如今，社会新闻上常常能见到有人被泼硫酸毁容的新闻，在为受害者惋惜的同时，大家是否有想过硫酸为什么会有这么大的威力呢？其实，在工业上，虽然硫酸的危险性很大，但是我们却不得不需要它，因

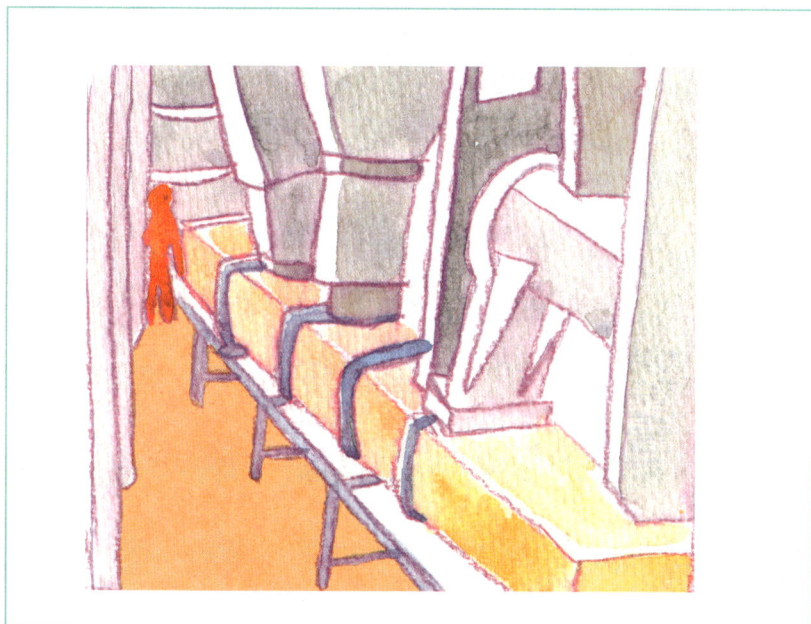

为它完全能称得上是工业之母，几乎所有的工业工艺上都有它存在的身影。那么，硫酸是怎么制取出来的呢？硫元素便在其中扮演了非常重要的角色。1894 年，美国工业化学家弗拉施用过热水的方法将硫从地下深处直接提取了出来，得到的便是浓度较高的硫酸。现在，世界上每年

消耗的那么多硫中，很大一部分就是用来制造硫酸。硫酸是一种无色无味的强酸，能以任意的比例和水混合，根据它跟水的比例不同，形成的硫酸的浓度和腐蚀性强弱也会有所不同。一般来说浓度达到70%以上的就算浓硫酸了，这样的硫酸溶解时会放出大量的热，当它遇到含有氢、氧元素的有机物时就会被炭化。当然，浓硫酸也是能跟各种金属反应的，不过浓硫酸跟金属的反应与稀硫酸跟金属的反应是完全不一样的。稀硫酸跟金属的反应属于置换反应，反应的最后会生成氢气，但是浓硫酸跟金属的反应一般会表现出强烈的氧化性，将金属变成别的氧化物，而自身也会变成二氧化硫。但是，也有一些金属是例外的哦！像铁、铝这两种金属称得上是异类了。因为它们和浓硫酸反应的时候刚开始和别的金属没什么不同，但是一段时间后，渐渐地你就会发现，反应停止了，这就是在化学上俗称的钝化。钝化现象的形成，是因为这两种金属跟浓硫酸反应后表面会形成致密的氧化膜，当这层氧化膜将金属整个包裹在里面的时候，该金属就不能跟浓硫酸继续反应了。因此，人们常常会用这些金属制造的容易来装浓硫酸。其实，人体之所以碰到浓硫酸会毁容，是因为人身上有很多的氢、氧元素，它们在碰到浓硫酸的时候被炭化了，皮肤也就毁了。

小链接

每一种元素都有自己存在的地方，就像动物都有自己的领地一样，当然硫元素也不例外。不过，硫不一样的地方在于在自然界中能找到它的单质形态，因为每一次的火山爆发都会将大量的原本深埋于地下的硫带到地面。那么，除了火山爆发会带来硫之外，在自然界中，我们还能从哪些地方找到硫呢？就

我国而言，硫矿资源是非常丰富的。自然界中的硫大多是淡黄色的，燃烧时会产生有刺激性的气味。而在大自然中，人们发现硫还会以化合物的形式存在于矿石中。这些含硫的矿有黄铁矿、白铁矿、磁黄铁矿等。黄铁矿又名硫铁矿，硫元素的理论含量达到了 53.45%，其中，里面的有些金属还被硫化了而含有一些非常微量的稀散元素。白铁矿基本与黄铁矿相同，只是，白铁矿一般是斜方晶系，而黄铁矿是等轴晶系的。磁黄铁矿是在黄铁矿的基础上增加了一些磁性，一般是古铜棕色的，有时候还会带有一定的导电性。

师生互动

学生：硫酸既然这么危险，为什么不想想用别的东西代替它呢？

老师：科学家们也考虑过这个问题，但是实现起来难度太大。因为我们现在很多的工业生产都要用到硫酸，况且硫酸并不是都那么危险的啊！你看，如果是浓度非常稀的硫酸的话，大部分都是水，要是不小心滴到手上的话直接用水冲洗一下就可以了，并没有大家想象中的那么危险。不过，如果遇到的是浓硫酸的话，那就千万要小心了，不慎滴到手上一定要马上看医生。

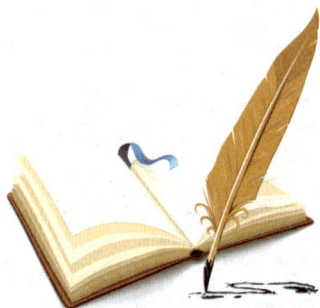

氯变成农药真可怕

◎ 秋天到了，田野里到处都是一片丰收的景象。

◎ 老师带着同学们去田野里画画，正好遇见了正在收割稻子的农民伯伯。

◎ 农民伯伯满脸愁容，不知道发生了什么不开心的事。

◎ 老师给智智解释农民伯伯不开心的原因，原来是农药的效果不好，虫子都把稻谷吃没了。

《寂静的春天》里的氯农药

1962 年，在美国，一本带有争议的书问世了，它的名字就是《寂静的春天》。1962 年是什么年代？正是农业大力发展的时代。为了解决农田里面病虫害的问题，科学家们绞尽脑汁，终于发明了能彻底解决病虫害问题的法宝——农药 DDT。虽然发明 DDT 是在 1874 年，但是直到

1939 年瑞士化学家米勒发现它有很强的杀虫作用才被人们大量使用，米勒也因此获得了诺贝尔化学奖。但是，就在 DDT 被大量使用之际，美国科学家蕾切尔卡逊发现 DDT 带来的环境效应比它的杀虫效果更大。伴随着卡逊对 DDT 的怀疑越来越深，她终于在 1962 的春天发表了自己的著作《寂静的春天》来质疑 DDT 是导致一些食肉和食鱼的鸟类接近灭绝的主要原因。卡逊的书一出，争议声铺天盖地而来，但是最终的结果证明，卡逊的怀疑是正确的，DDT 确实会对人类和环境造成不可挽

回的影响。很多人可能会怀疑，DDT 怎么会造成鸟类的死亡呢？后来，科学家经过实验研究发现，DDT 作为有机氯农药在土壤中难以降解，一旦被喷洒在植物上容易残留在食物表面，并从而进入食物链，就像大鱼吃小鱼，小鱼吃虾米一样，弱小的虫子碰到 DDT 确实会死亡，但是有益的鸟儿也会因为吃了体内含有 DDT 的食物而死亡。DDT 是有剧毒的，而且生物还具有放大作用，如果一不小心，DDT 在人体中积蓄的

含量过高，它同样会造成人体不可挽回的损伤。后来，在发现 DDT 的巨大危害后，全球都联合起来要求禁止在农田中喷洒 DDT，DDT 的光辉时代也正式宣告结束了。

让春天不再寂静

1962 年，就像是一场风暴，学术界都被蕾切尔卡逊震惊了。试想，在当时，DDT 的发明人获得诺贝尔奖的情况下，卡逊公然提出对 DDT 的质疑声音，这需要多大的勇气和毅力？一直以来，卡逊都是一名热爱

生活、热爱生命的博物学家。当她渐渐发现自己的生活中鸟儿的叫声少了的时候，她就已经意识到了不对劲。到底是什么使得鸟儿失去了应有的活力？又是什么夺走了我们春天的生机和活力？蕾切尔卡逊陷入了沉

思。显然，这是没有答案的，但是蕾切尔有了自己的猜测。自从 DDT 也就是有机氯农药问世以来，鸟儿的叫声一天比一天少，会不会就是 DDT 的原因？为了证实自己的想法，蕾切尔不间断地进行着观察，终于有了自己的收获。于是，《寂静的春天》问世了，蕾切尔也借着这本书喊出了自己的心声：让我们一起努力，让春天不再寂静！蕾切尔的书虽然受到了很大的质疑，但是也有了积极的效果，人们开始正视 DDT 带来的后果，渐渐感觉到了周围环境的异变。终于，DDT 再也不能危害环境了，蕾切尔也达到了自己想要的效果。

氯元素的前世今生

说到氯元素，大家最先想到的是什么？氯气，还是氯化物？其实，在自然界中，氯的分布非常广泛，但是在地壳中存在的一般都是氯的化合物。不过，氯元素的分离相对其他的元素而言较为简单，只需要一个稍微强一点的氧化剂，氯元素就能从它的化合物中分离出来了，这也使得人们早就开始用这种元素，也能制得它的单质了。但是，氯真正被确认为是一种元素还要追溯到它被发现 30 多年后。

1774 年，瑞典化学家舍勒通过盐酸与二氧化锰的反应制得了氯，但是当时的他却错误地认为这是氯的含氧酸，并不是什么新的元素，更有甚者，舍勒还把这种物质定义为"氧盐酸"。他就这样把发现氯这个新元素的机会白白地让给了别人。到了 1810 年，英国化学家戴维证明了氧盐酸是一种新的元素，还给它取了名字。现在我们所知的氯的最大来源是海水。所以说大海真的是一个宝库啊！

不知道大家在用自来水的时候，会不会有这样的一种感觉，有的时候会闻到一股刺鼻的味道，就像是有人刚刚用了消毒水一样？这种情况其实是完全有可能发生的。因为我们所用的自来水基本都是城市附近的河道里的水经过处理之后才进入大家的生活中。那么，这些水是怎么处

理的呢？是直接过滤就行还是有很多复杂的程序？其实，如果你有机会去自来水厂参观的话，他们的设施和装备都是很惊人的。水的处理一般都是需要经过很多道工序的，其中有一道工序就是用氯气对水进行消毒。当水质污染比较严重的时候，氯气的用量就会相对增大，处理不当的水就会进入管道，那个时候，水龙头里流出来的自来水就会带有呛鼻的味道了。

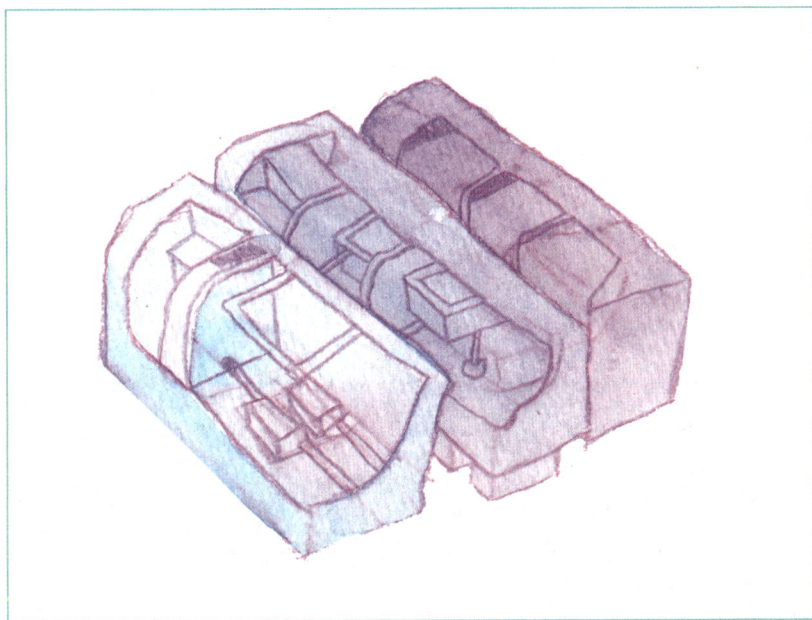

不过，现在一般的自来水厂和游泳馆都是采用二氧化氯来进行消毒的，而不是用传统的氯气。这是什么原因呢？可能大家想要解答这个问题，就得了解一些和氯气有关的知识。在工业上，氯气是完全可以作为廉价的消毒剂使用的，但是氯气的水溶性较差，而且还有很大的毒性，一旦和水发生反应就容易产生有机氯化合物。这样一来就会给人体带来很多不利的影响，而用二氧化氯就不会带来这个问题。

小链接

什么是DDT?

DDT是一种有机氯农药，为白色晶体，不溶于水，但是能溶于有机溶剂，是有效的杀虫剂，为20世纪上半叶防止农业病虫害，减轻疟疾等起到了非常重要的作用，但是因为它对环境有很大的损害作用，目前已经禁用了。

师生互动

学生：氯的化学性质不是很活泼吗？那用什么容器来装氯呢？

老师：的确，氯是一种化学性质非常活泼的非金属元素，在常温下它就会和很多物质发生反应，如果给它一定的条件的话，它几乎能和一切金属和很多非金属元素发生反应。但是，这其中也是有例外的。这不，金属铁就是这个意外。因为干燥的氯它是不会和铁发生反应的，这就给了装氯的一个最好的容器啦！用铁制作的钢桶就可以用来装氯，是非常安全的。

缺钾还是一种病呢

◎体育课上，智智正在认真地跑步。

◎结束跑步后，智智想休息一下，但是突
然觉得特别不舒服，心脏也跳得很快。

◎老师发现了智智的异常，就把他送到了
最近的医院。

◎医生仔细检查后发现，智智是因为缺钾
才会生病的！

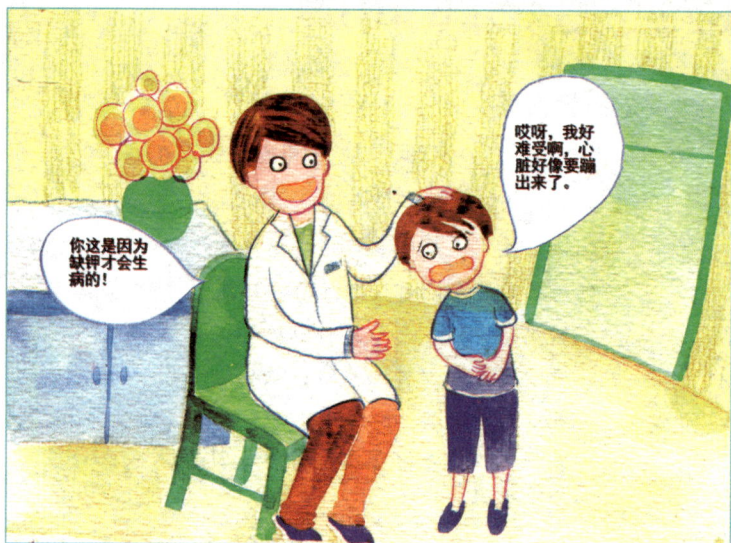

缺钾也是疾病?

五月的一天，刚刚结束体育课的小明突然觉得特别烦躁。也许是刚刚跑步了的原因吧！小明心想。但是随着时间的推移，这种现象越来越严重，心跳也仿佛不受控制似的狂跳。后来周围的同学一看不对劲，连忙找了老师把小明送到了最近的医院。医生检查之后发现，小明并没有关于心脏方面的疾病，也并不是由于运动才引起的。在问了小明一些关

于平时饮食方面的问题后，医生让小明去做一个全身检查，并说："你这种现象可能是由于体内缺少钾元素造成的。

平时你比较挑食，水果蔬菜之类的都不吃，很有可能就是这样造成的心跳过速。"后来，小明拿到了自己的检查报告，果然是因为体内缺

少钾元素造成的。小明觉得非常疑惑不解，缺钾也是一种病吗？医生的回答解决了他的这个问题。

原来，钾是人体中调节细胞渗透压和体液酸碱平衡的元素，它能参与细胞内糖和蛋白质的代谢，也就是说它有助于维持心跳规律正常，还能预防由于摄入了过多的钠而导致的高血压呢！所以，我们在平常的生活中不能挑食，尤其是喜欢吃肉食的人，也要注意常常吃一些水果和蔬菜，这对我们的健康是很有好处的。

钾元素的发现

说到钾，最先想到的就是植物生命体系中最重要的三种元素，氮、磷、钾其中的一员，也是人们在种植的过程中最常施用的肥料之一。那么，大家是不是会感到好奇，这么重要的元素到底是谁发现的呢？又是什么时候知道它的重要性的呢？其实，说起来，钾元素的发现和硫元素还真的有很多相似的地方呢！同样是早在远古时代钾元素就已经有被利

用的记录了，只不过当时的人们并不知道自己用的是什么东西。在古代的时候，人们就知道草木灰中有一种物质可以帮助植物快快长大，而且还会长的非常好。当然，在古代非常有名的黑火药中，硝酸钾也是其中非常重要的一环。但是，钾元素的单质被发现并被提炼出来还是经过了

一段漫长的岁月。1807年，英国的化学家戴维用电解碳酸钾熔融态的方法成功制得了金属钾。虽然这是一句话就说完的事情，但是真的实验过程却耗费了戴维好几年。这是因为钾的化合物特别稳定，根本就难以用普通的还原剂将它从化合物中"取"出来，这给化学家制得金属钾创造了一个艰难的话题。但是戴维却成功地完成了这项艰巨的使命。他的功绩理应在化学史上留名。

钾元素可不"假"

从名字上看，钾元素似乎很不起眼，但是对植物或者是我们人类来说，钾元素可是一宝呢！在地壳中，钾是储量占第七位的元素，虽然和第一第二的没有办法比，但是在海水中，钾的含量也是不能忽视的哦！而且，在一些分布非常广泛的天然硅酸盐矿物中也能找到钾元素的身影，最典型的当然就要数钾长石了，用钾的名字来命名的矿石可想而知它的钾含量有多少了。前面我们已经说到了钠的化学性质非常活泼，就像调皮的小朋友一样，但是，钾元素的化学性质可是比钠还要活泼的呢！如果将金属钾单独放在空气中，只要一会儿你就会发现在它的表面出现了一层像是保护膜一样的东西，这其实是钾和氧气以及二氧化碳发生反应形成的氧化钾和碳酸钾。所以钾的保存和钠相似，都需要被保存在煤油中。钾和水的反应也和钠相似，但是它比钠剧烈多了，所以一般在课堂上做演示实验的时候都会选择钠而不是钾。因为钾跟水的反应即使是到了零下100℃的时候仍然非常剧烈。要知道，一般的物质在这个温度的时候是很难发生反应的，这足可见钾的性质真的异常活泼，它是货真价实的"活力钾"。

钾与植物的关系其实跟氮、磷与植物的关系非常相似，不过，钾跟它们两个元素作用的方式和部位有所不同。对于常年与植物打交道的人而言，钾的确是一种好东西，因为它能促进植株的茎干健壮，这样的话

就不怕风的剧烈吹拂了，因为它已经有了"保镖"，钾的这种作用用专业术语来说叫做抗倒伏。当然，能够抗倒伏的化学物质很多，钾的作用当然不仅仅只有这一点。钾还能改善果实的品质，增强植株抗寒的能力。所以在植株的生长过程中，人们常常会给它施钾肥。当植物缺钾的时候，一系列的症状就开始出现了，最先表现出不良反应的是老叶，会出现枯黄和凋零。因为钾供应不足的时候，植物的光合作用就会受到抑制，而相反的是，呼吸作用会逐渐增强。因此，缺钾的植物一般抗逆性比较弱，还容易受到病虫害的侵袭。那么，在那么多种植物中，是不是所有的植物都需要钾元素呢？这个问题相信科学家都不太好回答。但是可以肯定的是，像瓜、果以及番茄之类的植物对钾肥的需要主要是在果实的迅速膨大期，有了钾肥的补充，这些植物的果实就会长得又大又饱满，农民伯伯拿到市场上卖的时候也就能卖一个好价钱了。

小链接

草木灰为什么不能跟氮肥一起用?

草木灰不能跟氮肥特别是铵态氮肥一起施用,因为它们接触的话有可能会造成氮素的损失,氮会变成氨气跑到大气中。这样,施肥的效果就会大打折扣了。

师生互动

学生:常常听说草木灰这个名字,可是草木灰到底是什么东西呢?

老师:草木灰是一种结构比较复杂的混合物,它其实就是植物当然主要是指草本和木本植物了,燃烧后留下来的残余物。因为它本身就是植物的一些残留,所以植物所需的营养元素在草木灰中几乎都可以找到。草木灰的主要成分就是碳酸钾,钾元素的含量很高。在给植物施肥的时候,草木灰会是农民伯伯一种不错的选择,因为它肥力比较强,能有效地补充钾元素。

石灰，我们盖房的必备品

◎ 智智家最近在装修，一天，工人叔叔拿了很多白色的东西到智智家。

◎ 智智看到这些白色的东西非常好奇，这些是干什么用的呢？

◎ 智智刚想用手去碰的时候，就被工人叔叔阻止了。

◎ 妈妈回家，智智向妈妈告状，妈妈说智智做错了，因为白色的石灰是不能随便碰的。

石灰的一宝

石灰大家应该都见过，不过，如果说到石灰里面的宝贝的话，估计很多人都不是很清楚。在家里装修的时候，你会看到装修工人会在水泥的上面糊上一层白色的东西，一段时间后，它冷却之后就变成了现在大家能看到的白色的墙面。石灰有生石灰和熟石灰之分，生石灰的主要成分是氧化钙，而熟石灰的主要成分是氢氧化钙。不论从哪个方面来看，

钙元素都是石灰里面的宝贝。钙是一种金属元素，纯净物是银白色的，在动物的骨骼、蛋壳等地方都有钙的化合物存在。石灰是人类最早应用的胶凝材料之一，在土木工程也就是各种建筑中用的特别广泛。据历史资料记载，古希腊人早在公元前 8 世纪就已经把石灰用于建筑中了，而石灰在我国的使用历史还要追溯到公元前 7 世纪左右。当然，石灰除了用在各种建筑中之外，还有它的医学用途。当你不小心摔了一跤骨折的时候，医生经常会给你打上石膏帮你把脚固定好，这个石膏其实也是钙的一种化合物。所以，钙难道不能算是石灰里的宝贝吗？

蛀牙了怎么办？补钙吧！

丽丽是一个小学二年级的学生，她平常最喜欢吃的东西就是糖了，甜甜的在嘴里化开的感觉真的是太美好了！但是，这天，丽丽却遇到了一件烦心事，她的牙开始疼了，妈妈说这是丽丽到了换牙的时候了。可是到医院给医生一看，医生却发现丽丽由于吃了太多的糖，好几颗牙都

已经被虫蛀了，现在要是拔牙的话不太好。丽丽一听不能拔牙，可是牙又疼得要命，在医院就忍不住哭了。那么，遇到丽丽的这种情况我们到底应该怎么办呢？首先，少吃糖肯定是必要的。除了在源头上防止蛀牙

之外，补充一些对牙齿有好处的元素也是需要的。钙便是一个非常好的选择。要知道，钙在人体中大部分的含量都集中在骨骼和牙齿中，可以说牙齿的主要成分就是钙。蛀牙就是说有一些细菌慢慢地侵入牙齿，在日积月累的作用下将牙齿"凿"了一个洞，破坏了牙齿里面原本的结构。那么可以用哪些方式补充体内的钙呢？现在市面上有很多品牌的钙片，其实就是碳酸钙的一些含片，这些虽然能补钙，但是是药三分毒，所以不建议大家食用。最好的补钙方法就是从富含钙元素的食物中得到

我们人体所需的钙。从食物中补钙最好的食物首推乳类和乳制品，因为它们的含钙量很高，而且吸收率也很大。除此之外，水产品中的虾皮、海带，蔬果中的干果、豆类以及豆制品的含钙量也很高。

钙的身世

钙是一种用途非常广泛的金属元素，它可以用于合金的脱氧剂，也能由于铁和铁合金的脱硫。那么，这么厉害的钙到底是从什么地方来的呢？它又是谁发现并提纯的呢？其实，钙的正式发现还要追溯到1808

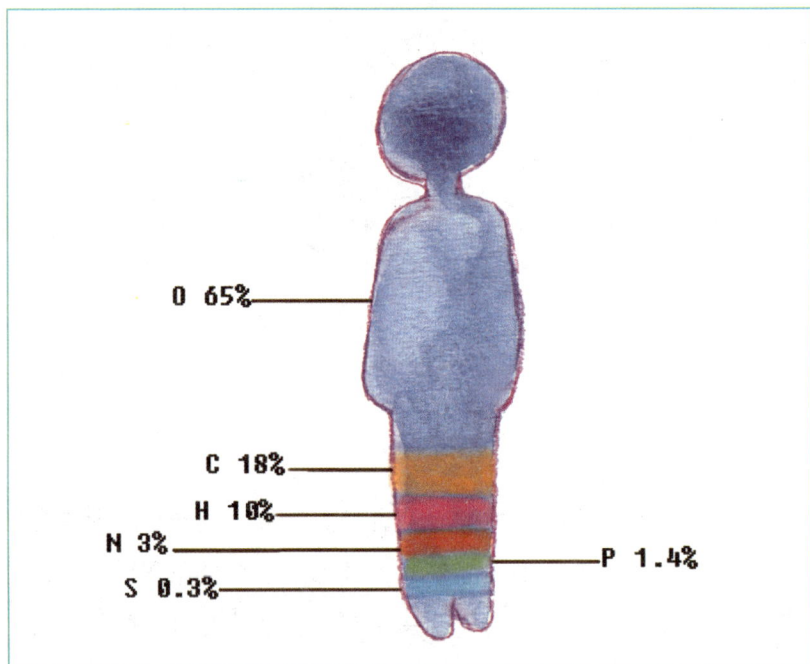

O 65%

C 18%

H 10%

N 3%

S 0.3%

P 1.4%

年呢！英国有一个著名的化学家叫戴维，他的一生专注于研究各种元素，在一次将石灰和氧化汞的混合物电解的时候，得到了一种新的物质——钙汞合金。他对这种新的元素充满了好奇，它究竟是什么物质？

还能再分吗？为了解答心里的这种疑问，他又进行了很多次实验。在将得到的物质进行蒸馏后，戴维发现里面的汞蒸发后留下来的是一种银白色的金属。这种金属和之前他遇到过的一些都不太一样，基本就可以确定是一种新的物质了。在得知戴维发现了新的元素之后，瑞典的贝采利乌斯和法国的蓬丁也对这种新的元素充满了好奇。在仔细询问戴维做实验用的材料后，两人设计了稍有不同的实验，用汞作阴极来电解石灰，在一段时间的反应后，阴极汞的上面开始出现银白色的金属。将它从阴极剥落下来后就得到了纯的金属钙。就这样，钙在几个科学家不停歇的接力实验下，终于以完整的形象出现在了人们面前。之后，关于钙元素的研究越来越多，对钙的认识也提升到了一个新的高度，现在，人们已经发现了钙的许多新的特性，也利用钙的这些特性给人们的生产生活带来了极大的便利。

前面我们知道了钙与我们的骨骼和牙齿的形成有着很大的关系，那么人体中剩余的钙起到的是什么作用呢？钙元素能促进体内某些酶的活动，调节酶的活性作用。对我们人体来说，酶的作用是至关重要的，因为在我们体内，每时每刻都在进行着各种各样的生理生化反应，而这些反应又几乎都需要酶的催化。酶的活性越高，生理生化反应的速度就会加快，人也就会更有活力。钙除了能调节酶的活性作用之外，还和血液的凝固、细胞的黏附以及肌肉的收缩活动有关。我们可以这样说，钙是人体内含量最多的无机盐。当然，人体内的无机盐含量是要保持一定的比例的，不然人体内的新陈代谢就会被打乱，人体机会表现出各种不适。

小链接

晒太阳也能补钙?

为了提高钙在我们体内的吸收率,大家多晒晒太阳吧!紫外线的照射能促进维生素D的形成,而维生素D又能促进钙在人体中的吸收。可见,晒太阳可是一种不花钱的补钙办法哦,所以,不要老坐在电视机前面,多出去晒晒太阳,对身体有好处。

师生互动

学生:石灰在建筑中用的很多,但是我看工人用的时候还会添加别的东西,这是为什么呢?

老师:这是因为石灰糊到墙上之后需要硬化了才会呈现我们现在看到的样子。但是,石灰在硬化的过程中需要蒸发掉大量的水分,体积会明显收缩,很容易就会出现干裂的痕迹了。如果不添加别的东西来减少收缩,那么墙面没过多久就会有裂痕,这样墙该多丑啊!不仅丑还会有危险呢!但是如果在用石灰的时候添加一些人砂、纸筋、麻刀等材料,那么石灰的抗拉强度就会大大增加,还能在一定程度上节约石灰呢!这不是一举两得的事情吗?

缺铁可不好哦

◎智智最近不爱吃饭，无论妈妈怎么哄都不吃，妈妈都有点生气了。

◎妈妈给智智准备了补品，可是智智也不愿意吃。

◎有一天，智智在蹲下站起来的时候，突然觉得头很晕，还特别想吐，妈妈就把他送到了医院。

◎医生检查后发现，原来是智智不爱吃饭导致了缺铁性贫血，所以头才会晕呢！

哎呀，肚子好痛啊！

是智智不爱吃饭导致了缺铁性贫血，所以头才会晕呢！

铁，坚硬的象征

　　现在来考大家一个问题，关于铁的词语你知道多少？我们生活中常说的有铁公鸡，铁娘子，铁手腕等，形容是完全不一样的人，但是铁在这些词语中代表的意思却大致相似。铁公鸡一词指的是这个人特别小气，就像公鸡的外面穿上了铁制的衣服一样，不用妄想从它身上拔下一根毛来。在这里，铁便是坚硬的象征。铁娘子指的是在事业上手腕强硬

的女孩子，一般形容那种事业有成的人，和硬汉相对。民间的这些词都是和铁坚硬的形象有关的。那么，铁是不是真的就像这些词语中的意思一样，坚硬无比呢？这其实和铁的性质有很大的关系。在古代人们刚刚开始使用铁制品的时候，发现这种东西果然无坚不摧，是用来做盾牌最好的物质。所以，人们给铁赋予了这个坚硬的形象。虽然随着科技的日益进步，人们已经发现比铁坚硬的物质比比皆是，就比如说碳的同素异

形体金刚石，它可是目前世界上发现的硬度最高的物质。但是铁的坚硬的形象已经深入人心了，在人们的潜意识里，铁便是代表了强硬和骨气。现在，人们利用铁和其他金属的混合，发明了铁的合金钢，在添加了其他的一些金属后，钢的硬度相比铁而言有了很大的提高。目前，含碳量介于 0.02% ~ 2.11% 的铁合金才能被称之为钢。生铁的话虽然很坚硬，但是比较脆，加了碳之后的铁变成了钢，就有了一定的弹性，不

会轻易被折断。这是技术的进步，也是钢铁工业发展过程中的必然。

铁的发现简史

铁元素在自然界中的分布非常广泛，照理说它应该很早就被发现才对，但是事实证明，铁的发现比黄金和铜还要晚。这是什么原因呢？科学家也讨论过这个问题，得出的结论是：铁的天然单质状态在地球上非

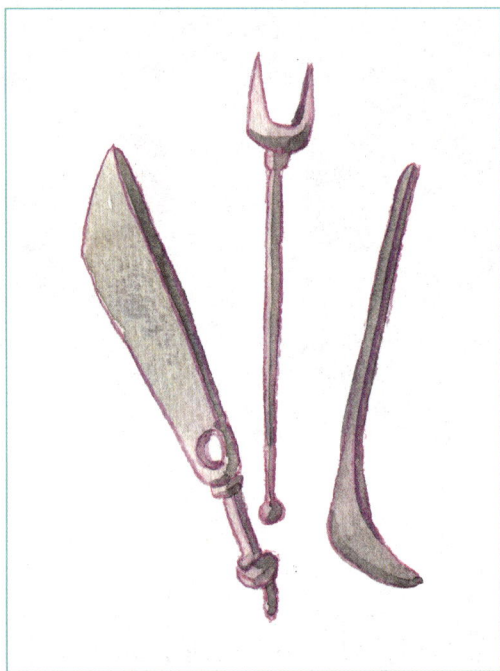

常稀少，而且铁在空气中容易被氧化，被氧化的铁就不是原本银白色的模样了，而是覆上了一层红色的氧化膜，这样就难以被人们发现了。其实，人们最早发现铁真的是在一个非常偶然的时机。当时正好有一颗小行星撞向地球，虽然没有引起很大的灾难，但是外太空来的陨石却留在了地球上。那个时候，人们并不知道陨石是什么东西，只是单纯地对这

种没见过的石头感到好奇，于是就有人取了一点陨石上的物质去分析，只知道这是一种混合物，而且里面还有很神秘的金属。由于当时融化铁矿石的方法还没有问世，人们就认为铁是一种非常贵重的金属，而且还带有很多神秘感。在铁大规模使用之前，人们还处在石器时代，用的各种器皿几乎都是石头做成的。但是事情渐渐发生了变化。随着青铜熔炼技术的成熟，铁的冶炼技术的发展也有了条件。中国最早人工冶炼铁还要追溯到春秋战国时期。有了铁的冶炼技术，铁器就成为了老百姓家里的常用器皿，人们也逐渐开始淘汰石头做的器皿改而使用铁器。也就是说，铁的发现和大规模使用是人们从新石器时代迈入铁器时代的标志。

愚人金

愚人金这个名字听上去就有着非常丰富的故事。那么，究竟什么是愚人金呢？金又是如何愚弄人的呢？其实，这里的"金"并不是真正意义上的金，而是人们误把某种物质当成了金，这种物质就是黄铁矿。不知道大家还有没有印象，在说到硫元素的时候，我们曾经提到过黄铁矿。在古代，人们都把黄铁矿当作一种古老的宝石，因为它色泽金黄，乍眼一看确实和金非常相似。故事便是以这个为背景展开的。很久之前有一位中原的商人去西域进货，在当地的集市上看到了一种非常漂亮的宝石。它色泽金黄，表面光滑，就像是真金经过打磨之后做成的。商人非常高兴，心想：我要是把这块宝石买下来送给我的妻子，她一定会很高兴的。她早就说过希望我送她一件金器当首饰的。在跟当地人的交谈中，中原商人发现这里的金价竟然比中原便宜很多！拳头大小的这件金光闪闪的宝石竟然只需要在中原时的一半价钱！商人非常高兴，也没有问卖家这到底是不是真金就买了。中原商人回到家，把宝石打磨成了一对耳环和一个簪子送给了老婆。商人的妻子兴高采烈地将这些首饰戴在了身上，可是没过几天，耳朵突然痒的很难受，渐渐的耳洞的地方开始

发红、溃烂。在当地的郎中诊断后发现就是耳环搞的鬼。商人不信邪，觉得自己不可能买到的不是真金，他的妻子劝他检验一下这块宝石的成分。幸好剩下的原石商人还没有拿去送人，就在原石上切了一小块下来放在火里烧，不一会儿就烧没了。商人直到这时才明白过来自己买到的并不是真金，而是跟金长得很像的金属而已，难怪价钱会便宜这么多呢！直到后来铁器的大量使用商人才发现，自己买到的就是黄铁矿，不禁感叹道："这个黄铁矿可真是愚人金啊！"后来，这个故事就渐渐流传了下来，愚人金的名字也就不胫而走。

小链接

我国是世界上缺铁性贫血较为严重的国家之一，在大家的身边可能就会有贫血的人存在。那么缺铁了我们应该怎么办呢？现在市场上补铁的产品很多，效果真的有像广告中说的那

么好吗？民间现在也有很多措施来预防缺铁性贫血，那么，这些措施都是正确的吗？让我们来听听看专家是怎么说的吧！关于现在市场上卖得很火的铁强化酱油，很多人都担心它的安全性，喝下去会不会对人体造成损伤？有专家出面表态说铁强化酱油是可以放心长期食用的，而且人体本身对过多的铁具有一定的排泄作用。所以喝铁强化酱油是不会带来问题的。那么，我们一般遇到贫血的话该吃哪些食物来补铁呢？在蔬菜中含有较多铁元素的是菠菜、紫菜和海带等植物。一般家里如果有缺铁性贫血的病人的话，最好用铁锅做饭，这样铁锅中的一部分铁也会通过食物进入人体从而补充人体缺少的铁元素。

师生互动

学生：前几天我看新闻的时候看到铁还能制作电池呢！这种电池究竟是怎么样的呢？

老师：铁电池现在还没有能够到达实用化的阶段，所以说的人比较少，远远没有像锂电池那么普及。但是，目前国内外的研究表明，铁确实可以用来制作电池，而且这种电池会比锂电池的寿命更长。目前科学家正在研究的铁电池主要有高铁和锂铁两种，但是直到现在都没有厂家宣称其产品可以大规模实用化。

铜，生活的好帮手

◎语文课上，老师正在给大家介绍我们国家的历史。

◎突然，同学们的面前出现了一个非常漂亮的大鼎。

◎智智回家后，让爸爸帮着查这个大鼎的来历，才知道原来大鼎还是一个非常有名的历史文物呢！

◎智智让爸爸带自己去看真正的大鼎。

我们中国有着悠久的历史和灿烂的文化。

司母戊大方鼎的出世

　　1939 年 3 月，在河南安阳的农田中，世界上最大的青铜器司母戊大方鼎横空出世了。这件文物的出现代表了中国商代后期的辉煌，也是青铜时代鼎盛的最好证明。司母戊大方鼎又名后母戊鼎，它高 133 厘米，重达 832.84 千克，是当今世界上现存的最大的青铜器。据历史学

家考证，该鼎是商王武丁的儿子为了祭祀母亲而铸造的，用的是陶范铸造，整体外观呈现出不可动摇的气势。除了鼎身四面中央是无纹饰的长方形素面之外，其余的每个地方都或多或少有纹饰在上面。经历史考

证，司母戊大方鼎应该是商朝王室的重器，它的造型、纹饰和工艺均达到了极高的水平，也是商代青铜文化顶峰时期的代表。这个事实说明，早在商代之前，人们就已经掌握了冶炼铜的技术，并且到了商代这种技术已经相当完善了。可以想象一下，如果司母戊大方鼎放到现代来铸造，那么并没有什么惊奇的地方。在科技日新月异的今天，已经没有什么是不可能的事情了。但是时间换到了几千年前，事情就完全不一样了，铸造青铜器这么一个浩大的工程会花费多少的人力物力可想而知。司母戊大方鼎是古代人民智慧和汗水的结晶，值得我们每一个人尊敬。

青铜时代的辉煌

　　青铜时代又称青铜器时代、青铜文明，是一个时代的总称，也是人类开始利用金属的第一个时代。青铜其实是铜和锡的合金，因为它们的氧化物颜色是青灰色的，所以人们又把它称之为青铜。青铜时代人类正式开始告别石器时代，农业和手工业的生产力水平大幅度提高。就比如说耕地吧，在使用金属做的工具之前，人们只能用石头做成的各种工具

早期人类文明的时代进程

　　来耕地，又重又耕的不好，但是有了青铜做成的器具就不一样了，因为金属和石头相比最主要的特点就是轻，原本沉重的耕地工具一下子减轻了重量，农民伯伯耕起地来更加省力了，生产效率也大大提高了。在青铜时期，铜正式被人们发现并利用。虽然这个事件是用一句话就能说完的事情，但是在当时那个时代，铜的冶炼并没有想象中那么轻松。在经历了连续不断的失败之后，人们才终于真正掌握了冶炼铜的技术。铜被提炼出来之后，人们用它来制作武器、工具以及其他的器皿，生活的方

式也大大改变了。人们有了更多的时间去做别的事，也在一定程度上丰富了当时人们的生活。在当时光辉的青铜时代，铜的使用对早期人类文明的影响深远，正是因为有了铜，人们才从沉重的石器时代解放出来。现在出土的很多青铜时代的文物都表明，在当时，青铜的冶炼和铸造技术都达到了巅峰时期，足可见当时工匠们技艺的高超。

现代铜的现状

在早期的人类文明中，铜是非常有代表性的一种金属，它的出现和利用给人类文明的进步带来了巨大的推动效应。那么，经历了当时辉煌的铜，在现代社会的现状又是怎么样的呢？目前，铜的性质人们已经基本上都摸清了，利用铜的这些性质，人们也发明了很多方便又好用的器具。现在，铜是与人类关系非常密切的有色金属，它被广泛地应用于电

气、机械制造和建筑工业等领域，在全中国有色金属材料的消费中仅次于铝。当然，铜在电气工业中占有的比重最重。因为铜是电的良导体，用于输电线时能尽可能减少电在运输过程中的损失。虽然银是比铜更好的导电材料，但是相比于银，铜有一个最大的优势就是它便宜而且在地壳中的含量还比较高。对于需要大面积铺设的电网来说，找一个既便宜又能有效减少输电时电力损失的材料能节约很多资源，所以选择铜是不会错的。

除了用在电线上之外，铜还是制作印刷线路板的最主要材料。铜的印刷电路是将铜箔作为表面，将其余的元件通过焊接的方式连接在一起。这样制作出来的印刷线路就有良好的导电性，还可以节省大量布线和固定回路的劳动，因此得到了广泛的应用。当然，在电路的连接中还要用到各种各样的价格低廉但是流动性好的铜基钎焊材料。

庄稼也需要铜

通常，当农田中的有效铜含量较低时，农作物就会因为缺铜而减产，严重的时候甚至会造成颗粒无收。所以在庄稼开始播种一直到它成熟，都不要让作物缺铜，不然造成的后果是十分严重的。那么，哪些植物对铜的敏感性会比较强呢？也就是说哪些植物缺铜时会最先产生现象？

科学家在经过大量的实验研究后发现，像葡萄、柑橘、香蕉、大麦、玉米、豆类、西红柿等植物对铜都是非常敏感的。当它们感觉到土壤中的铜已经不足以满足它们的生长所需时，身体就会自动产生警报，通过叶片和茎干的一系列反应来告诉照看它们的人："我现在没有铜元素生长不了了，快点给我补充铜元素吧！"这个时候如果往土壤中加入一些含铜的肥料会是一个不错的选择。

在给庄稼施肥或者喷洒农药的时候，大家有时候会听到一个名字，

那就是波尔多液。其实波尔多液就是一个硫酸铜的混合物，它是一种非常好的杀菌剂，能够防治百余种作物中最常发生的300多种病虫害呢！这个事实说明铜也是在作物生长过程中起到重要作用的元素。

小链接

　　如果把铁放在潮湿和有氧的环境中，铁就会生锈。那么，铜会不会生锈呢？其实，铜也会生锈，铜生的锈名字叫做碱式碳酸铜。它是铜与空气中的氧气、二氧化碳和水等物质反应产生的物质，又称铜锈（铜绿）。如果把铜锈拿到空气中加热，会产生氧化铜、二氧化碳和水。铜锈是一种美丽的绿色粉末状晶体，燃烧的时候会出现蓝色火焰。

师生互动

学生：古代的时候人们不是常常用铜钱吗？那么铜钱是纯粹的铜吗？

老师：铜钱其实也分很多种的，不过最主要的材料就是铜。古代，人们认为铜是一种很珍贵的金属，所以用它来作为流通的金钱。虽然后来随着银两的出现，铜钱的地位渐渐下降，但是在春秋战国时期，铜钱可是最主要的流通货币呢！当时，每个国家的铜钱都会在形状上做一点改变，有的喜欢用刀币，就是将铜钱做的像一把把小刀一样，有的喜欢有圆形的铜钱，中间留出一个正方形，这应该就是我们见过最多的铜钱了。后来秦始皇统一全国的时候，将原本形状各异的铜钱也统一了，也就是我们现在见的最多的那种铜钱。

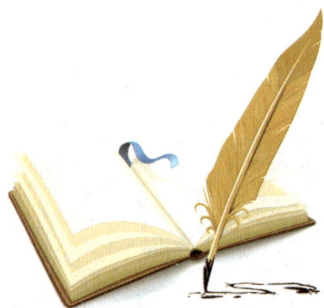

银也能导电

◎最近，智智的奶奶送给了智智一个非常漂亮的银手镯，智智非常喜欢。

◎有一天，调皮的弟弟来智智家玩，不小心一屁股坐在了智智的手镯上，把手镯都坐得变形了，智智很伤心。

◎爸爸看到智智闷闷不乐的样子，就偷偷把手镯带到银饰店让他们帮忙修好了

◎智智看到手镯原封不动地回来了，非常开心。

还是奶奶对智智最好啦！谢谢你送我的银手镯。

从放羊奶的容器到首饰的蜕变

说起来人类发现和使用银的历史已经至少有两千年了。但是，你知道银最早是做什么用的吗？你肯定想象不到，现在作为首饰被很多人喜爱的银，最早的时候竟然是作为盛放羊奶的器具而存在的。银的性质比金活泼，虽然它在地壳中的含量比金丰富，但是因为它很少以单质的形

态存在，所以发现的比金要晚一些。在古代，人们就已经渐渐摸索到了开采银矿的方法，但是碍于技术的有限性，人们开采一次银矿得到的银的量很少，所以在那一段时期，银的价格比金还贵，大约是金价的两

倍。后来，银矿的开采技术渐渐成熟，人们对银也有了一个新的认识，银开始被用来制作各种装饰物和餐具。也就是牧民们用来装羊奶的容器。当时，使用银质的餐具也是一种身份的象征呢！后来，银的开采越来越多，人们就又把银作为货币在市场上流通。纯银是一种美丽的白色金属，在阳光下看起来就像是闪耀着月亮般的光辉一样。也就是见识到了纯银的美丽，人们开始考虑用银做首饰的可能性。但是问题又出现了，首饰的话需要非常精细的加工，还要有样图，如果工匠的手艺不过关，做出来的首饰就会不好看了。从装饰品、餐具再到首饰和货币，银的蜕变代表着人们对它观念的转变，也是历史变迁的证明。

银也能导电？

看到这个标题大家可能会觉得很好奇，一直以来，银都是作为首饰出现在我们生活中的，从来没有听说过银也能够导电呢。但是不要怀疑，科学家已经用实验证明，银的导电性比金属铜还要好。但是为什么我们那么多的输电线中用的是铜而不是银呢？首先，银属于贵重金属，如果全国那么多的输电线都用的是银，那么所花费的成本是无法想象

的。再者，银的储量相比铜而言较少，铺设输电线需要的是大量的材料，银的储量不足以支撑这么大的量。所以，综合经济和实际考虑，用银做输电线里面的导体都是不现实的。银是一种活跃的金属，如果容易与空气里的硫起化学反应而变黑，因此尽量使自己佩戴的银饰少接触与硫有关的化合物是非常必要的。除此之外，佩戴银饰的时候，最好不要跟金的首饰一起戴，因为这样会导致银变黄。如果银变黑了说明是被空

气中的某些物质氧化了，用专门洗银首饰的水洗干净就可以了。金属银最主要的作用就是作为装饰品装点人们的生活，而银形成的氧化物则和它的单质有着截然不同的作用。首先要说的便是氧化银。氧化银能够用于玻璃工业，它在玻璃工业中起到着色剂的作用。另一种银的化合物碘化银的作用则相对比较特殊，它能够用于人工降雨，只要将碘化银成粉末状撒到云层中就能起到人工降雨的效果。

那些银饰品都是真的银吗？

在生活中我们购买银质的饰品时，最常见到的就是925纯银了。那么，925纯银指的到底是什么意思呢？它是不是真的纯银呢？其实，925纯银是tiffany公司开创的，指的就是含银量达到92.5%的银质品。925代表的是银的纯度，就像金有18K等等表示一样，银的纯度就是925。同时，925这个标准也是纯银的最低标准。自从tiffany公司开创这个标准以来，慢慢地被国际各界人士所接受，所以现在925银就被国际公认为是纯银了。那么，现在大家普遍存在的一个疑问就是，为什么不是用100%作为银的标准而要用92.5%作为纯银的标准呢？这当然是有原因的。前面已经说过，银是一种相对而言比较活跃的金属，它存在于空气中时虽然和大部分的物质都是不反应的，但是一段时间后它也会容易被氧化。尤其是像目前这样空气污染越来越严重的时代，酸雨的出现便是因为大气中硫元素含量异常造成的。银在空气中会和氧气以及硫等物质反应，被氧化后就会变黑，这样饰品就不再美丽了。如果银饰品用的是千足银，那么过于柔软的纯银就会容易被氧化，因此tiffany公司才会创造这样一个标准，在纯银里面混入一些杂质，就能保护银饰品，将银饰品被氧化的时间推迟。

在我们的生活中，除了见到925纯银之外，还常常能见到藏银、苗银等银饰品。那么这些看上去极具民族风的银饰品是真的银吗？其实，

藏银一般是不含银的，之所以用"银"来称呼它，只是对白铜的一个雅称罢了。传统的藏银只含有 30% 的银，但是因为含银量太低所以已经被市场淘汰了。现在我们能在市场上买到的藏银一般都是白铜合金的工艺品。这些藏银饰品一般风格都是仿造藏族的饰品设计的，在市面上很受欢迎。至于苗银的话，它其实是非纯的银。大家都知道苗族的少女

一般出生的时候就会有家传的一套银饰，长大成人的时候穿上民族传统的服饰，戴上这套银饰就会显得异常美丽。苗银也叫云南银，它是苗族特有的一种银金属，含银量比藏银稍微高一点，达到了 40%，所以一般来说价格会比较低。现在，还有一种被称为银的是彩银。彩银相比其他几种银来说更为特殊，因为它是在景泰蓝的基础上发展而来的。彩银起源于明朝，当时，制作银首饰的工匠常常会把一种类似玻璃的透明天然釉料用手工画在纯银的首饰上面，然后再高温烧制一段时间，取出来之后就制成了彩色的银饰，并且这样制作出来的彩色银饰永远不会褪色，始终保持最原本的样子。因此，彩银比传统的素银更加的美丽和典雅，是很多人士喜欢收藏的藏品之一。

小链接

什么是溴化银?

溴化银比较特殊,它具有强烈的感光作用,常常会用来制作照相底片的感光层,是照相馆里必不可少的物质之一。

师生互动

学生:银的化合物有很多的用处,那么这些化合物里面,最重要的是哪一个呢?

老师:的确,银有很多的化合物存在,每一个都非常重要。但是要说到银最重要的化合物的话,那就非硝酸银莫属了。硝酸银的用处非常之多,这里我们就举两个例子来说明一下。首先是在医疗上,医生常常会用硝酸银的水溶液作为眼药水,因为银离子能强烈地杀死病菌,起到清洁的效果。另外,硝酸银见光或者遇见有机物的时候就会分解出银,分解出来的银可以用于镀银或者是制造其他银的化合物。这两种都是硝酸银最常见的用处。当然了,硝酸银还有别的许多用处,这里就不再细讲了。

价格起伏不定的金

◎一大早，妈妈就告诉智智说她今天没有空，不能送他去学校了，让他自己去学校。智智觉得很奇怪，以前妈妈都送自己去上学的，今天这是怎么了呢？

◎就在智智准备独自去上学的时候，外婆也来了，并且神神秘秘地跟妈妈说着些什么。

◎智智非常好奇，就问妈妈。

◎妈妈没有说话，倒是外婆告诉了智智。

最近金特别便宜，外婆准备和妈妈一起去采购呢！

妈妈，你和外婆要去什么好玩的地方吗？

金为什么这么热门？

可能很多小朋友都想不通，金到底有哪些优点，值得大家都去抢购呢？

要解决这个问题，那还得从金的性质开始说起呢！金和银的差别不大，但是金却比银珍贵得多。究其原因，还是"物以稀为贵"的道理。

看了前面的章节，大家都知道了，在古代的时候，银是用来流通的货币，是古代经济发展不可或缺的一个物质。但是，比银更值钱更吸引

人的还是金呢!

在元素周期表中,金位于第 79 位,它的性质比银还稳定,是一种十分贵重的金属,它与大部分化学物质都不会发生化学反应,但却非常容易被氯、氟以及氰化物侵蚀,只是金在平时的生活中很少能接触到这些物质。

正是因为金有了这种特殊的性质,它才被人们万分青睐,并被用来制作成各种各样的金饰品。

金到底都有一些什么用途呢?

在平常的生活中,金出现最多的地方是在卖装饰品的柜台上。如果你走在大街上,随意抬头一看,就会发现有很多人的脖子上或者手上,或者耳朵上都戴着金子做的饰品。这是金的一个价值体现,也是它独一无二的魅力所在。

　　但是，如果你认为这就是金唯一的用途的话，那你就错了。在现代社会，金还具有保值、作为投资品的价值呢！而且，因为金的延展性非常好，人们还常常将它打成金箔。

　　那么，金箔又是什么东西呢？小朋友们还记得烧烤的时候用的锡箔吧？金箔其实就和锡箔差不多，只是锡箔没有金箔贵重而已。

　　另外，金箔还可以用于塑像、建筑、工艺品等方面，用来作为它们的贴金，在装饰品的外面覆盖上一层金箔，整个装饰品就会更有艺术品的感觉。这种用金箔贴金的装饰品常见于寺庙和教堂内。除此之外，金箔还可以入中药呢！说不定哪一天，你生病了喝下的中药里面就有金箔的成分也说不定哦！

起伏不定的金

　　我们前面说过，金的化学性质是非常稳定的，那它又是凭什么起伏

的呢？且听我慢慢给你讲来。

就是因为金的价格！没错！就是这个。金的价格虽然在人们的印象中一直比较高，但是随着国际金价的变化，金的价格也在不断地改变着，就像是坐过山车一样，一会一个样，起伏不定。这就是我们为什么把金形容成"起伏不定"的原因。

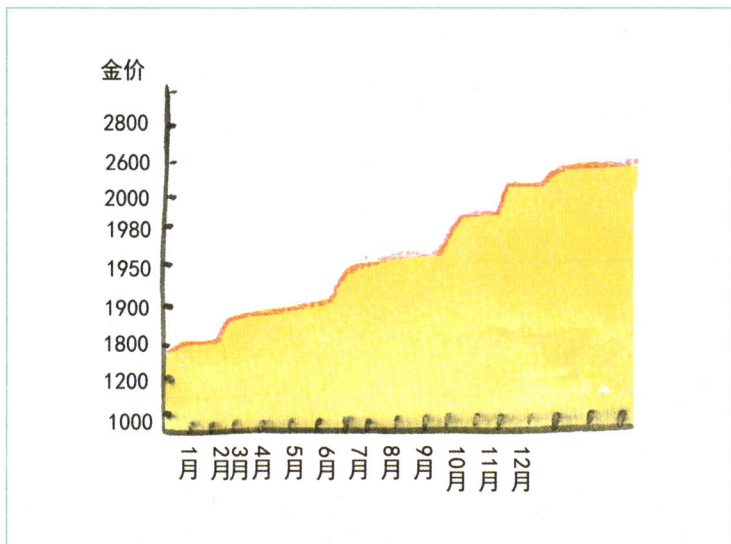

前一段时间，有一则新闻很火，讲的是中国的大妈 PK 华尔街人士抢购黄金的故事，结果中国大妈完胜。在金价处在低谷的时候，中国大妈疯狂购进金块的行为真是雷厉风行啊，一时间让国外的人震惊不已。从这个新闻中，我们不难发现，从古至今，虽然金的价格起起伏伏，但是一直都在影响着人们的生活。

金的价值不仅仅只限于充当货币这一领域，它还有很多其他的价值呢！比如，我们前面讲过的金可以作为装饰品或入药，以及在做化学实验的时候，金也能起到非常重要的作用。

这些，都和我们的生活息息相关哦！

在俗语中，大家一定听过"真金不怕火炼这句话"，最开始的时候，这句话只是为了辨别金的真假，在看古装电视的时候，我们常常能看到有人把黄金放进嘴里咬，就是因为这个原因。不过，随着历史的推进以及文化的发展，"真金不怕火炼这句话"已经具有了另外的意思。当一个人为了表明自己说的话或者做的事是真实可信并不是骗人的时候，就会引用这句话。

师生互动

学生：老师，假如世界上没有了金会怎样呢？我们的生活会受到什么样的影响呢？

老师：金并不是像食物空气一样是我们生活的必需品，它除了作为装饰品、入药、充当货币等作用之外就没有了其他太多的用处。不像水，世界上要是少了这个东西，世界肯定会乱的，因为水是生命之源，世界上所有的生物都需要它来维持，世界上要是没有了它，不乱才怪。但没有了金，人们的生活并不会受到太大的影响。就好比毗邻我国的印度一样，他们一年的黄金产量不到百吨，但人民的生活并没有受到太大的影响。

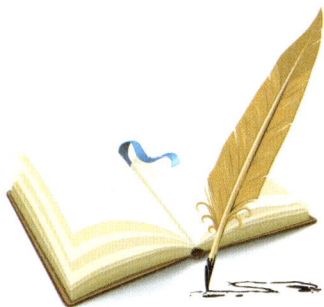

铀，无形中的杀手

◎智智正在看童话书，书中说，原子弹爆
炸的威力可大了，智智觉得好奇，原子
弹为什么会有这么大的威力呢？

◎爸爸在看电视，里面正好演到原子弹爆炸
的场面，一下子勾起了智智的好奇心。

◎智智问爸爸："原子弹爆炸为什么有这
么大的威力呢？"

◎爸爸告诉智智，是因为原子弹里面的铀
在作祟呢！

是因为原子弹里面的铀在作祟呢！

原子弹爆炸为什么有这么大的威力呢？

铀究竟是什么东西呢？

　　铀在元素周期表中，位于 92 位，虽然排位比较靠后，但是它的作用可是一点都不比排位靠前的元素小哦！铀属于ⅢB族锕系放射性元素，元素符号为 U。天然铀一共有三种同位素，分别是 234U、235U 和 238U。对于铀，千万不能小看！因为不同富集度的铀可分别用于制成

核燃料、核武器装料、穿甲弹和装屏蔽材料。铀是致密而有延展性的银白色金属，化学性质非常活泼，几乎能和所有的非金属发生反应，还能和各种金属形成金属合金哦！但是，铀不能长时间置于空气中，一旦在

空气中放置的时间过长，它就容易被氧化，表面会生成一层发暗的氧化膜，完全改变原来的外形了。而且，把铀放在空气中是非常危险的！因为铀具有很强的放射性，一不小心，它就会危害到人体健康，甚至产生很严重的环境问题。

铀能制作原子弹？

铀最主要的一个作用就是利用它的放射性能制作原子弹。可能很多人会觉得奇怪，原子弹到底是根据什么原理制作的呢？别急，谜底慢慢就会揭开了。原来，原子弹是根据原子核裂变的原理制作的。因为在原

子核裂变的过程中，会发生一连串的链式反应，这样就会产生巨大的能量，而这股能量一旦爆发出来，不好好控制的话，会非常恐怖。在第二

次世界大战期间，日本投降除了中国人民众志成城抗日的努力之外，美国在广岛和长崎投下的两枚原子弹也起到了不能忽视的作用。当时，这两枚原子弹的威力是令世人震惊的，在很多年以后，广岛和长崎的很多地方还是寸草不生，足以说明原子弹的摧残作用是有多么的惊人。

放射性的危害这么大吗？

没有亲眼看见过原子弹爆炸的人是无法想象那个场面的震撼和恐慌的。虽然我们只在电视画面和书上的插图上见过原子弹爆炸时，蘑菇云的形状和颜色，但是它产生的能量是我们难以想象的。

原子弹对我们人类来说，最主要的危害就是它的放射性。大家可能不是特别清楚放射性究竟对人体有多大的伤害，可以这么理解，要是长时间接触或者处在放射性的环境下，那么患癌的可能性就会比正常人高

十倍甚至几十倍。这绝不是夸张，因为我们人体是由大大小小各种各样的细胞组成的，而放射性的物质就会破坏我们人体内正常的细胞，导致细胞发生癌变。这也就是为什么在 2011 年日本发生福岛核电站事故时，人们普遍担心这种放射性的物质会漂洋过海传到国内的原因。放射性的危害当然不仅仅体现在这些地方，还有一个很严重的问题，就是放射性物质会让一些生物发生突变，而这种突变是不可逆的也是不可预知的。就像切尔诺贝利核电站发生核泄漏事故后，附近地区出现了个体像狗一样大的老鼠一样，放射性的威力远远比我们想象的严重。

小链接

核裂变之外还有核聚变呢!

我们都知道原子弹是根据核裂变的方式制作的,但是你知道吗?在核裂变之外,还有核聚变呢!核聚变比核裂变的能量更大,也更加难以控制。

师生互动

学生:原子弹的能量这么大,它们能为我们的生活做些什么吗?

老师:这个问题提的很好,其实我们现在已经在这么做了。核裂变的能量比较容易控制,所以我们用这个能量来发点,这也是现在世界上核电站越来越多的原因。不过,在合理利用核能的同时,很多安全问题也在开始慢慢暴露出来,其中,铀废料处理的问题就非常艰难,所以,关于是不是要继续使用核电站,世界上也有很多不同的声音。

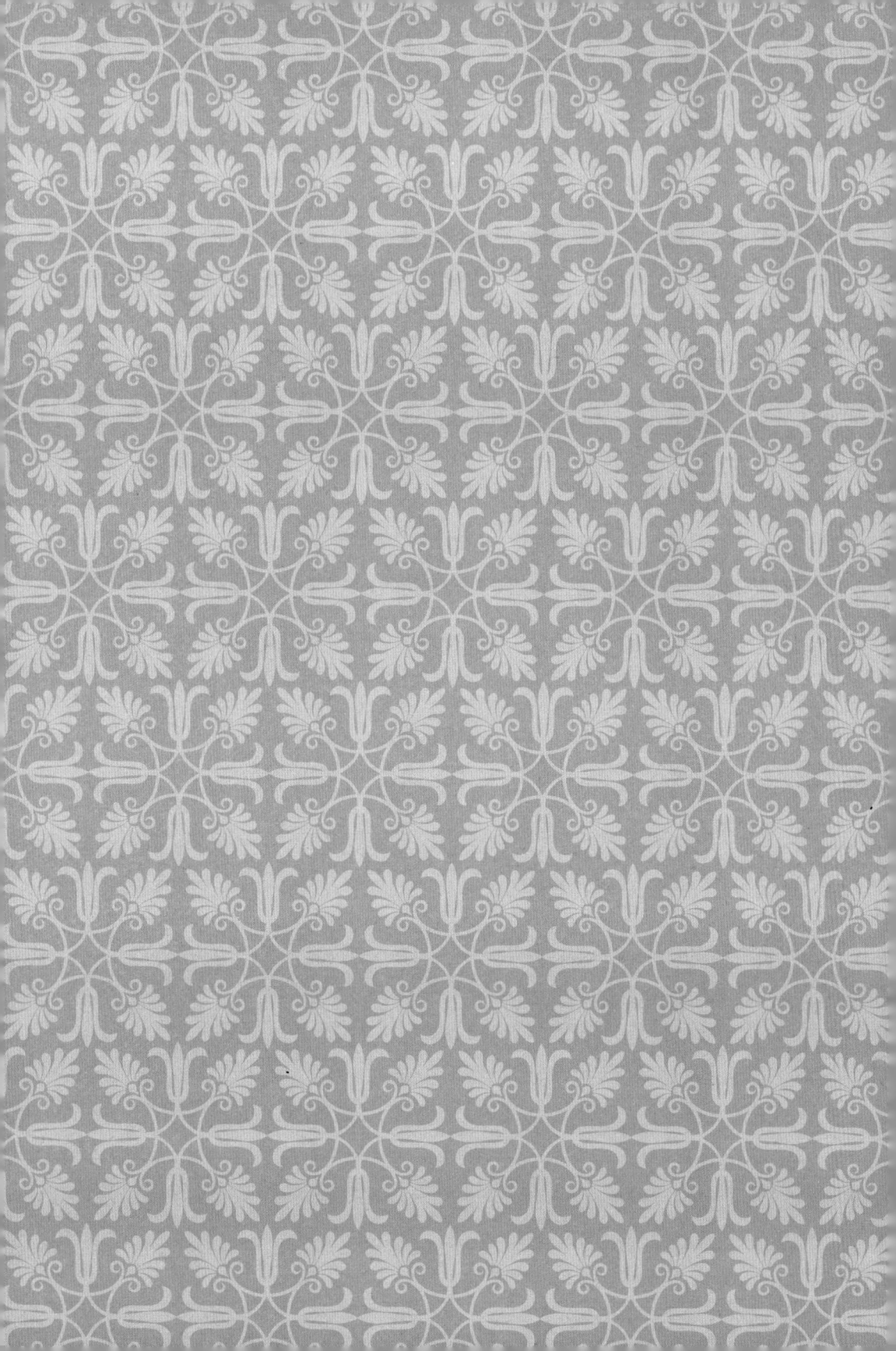

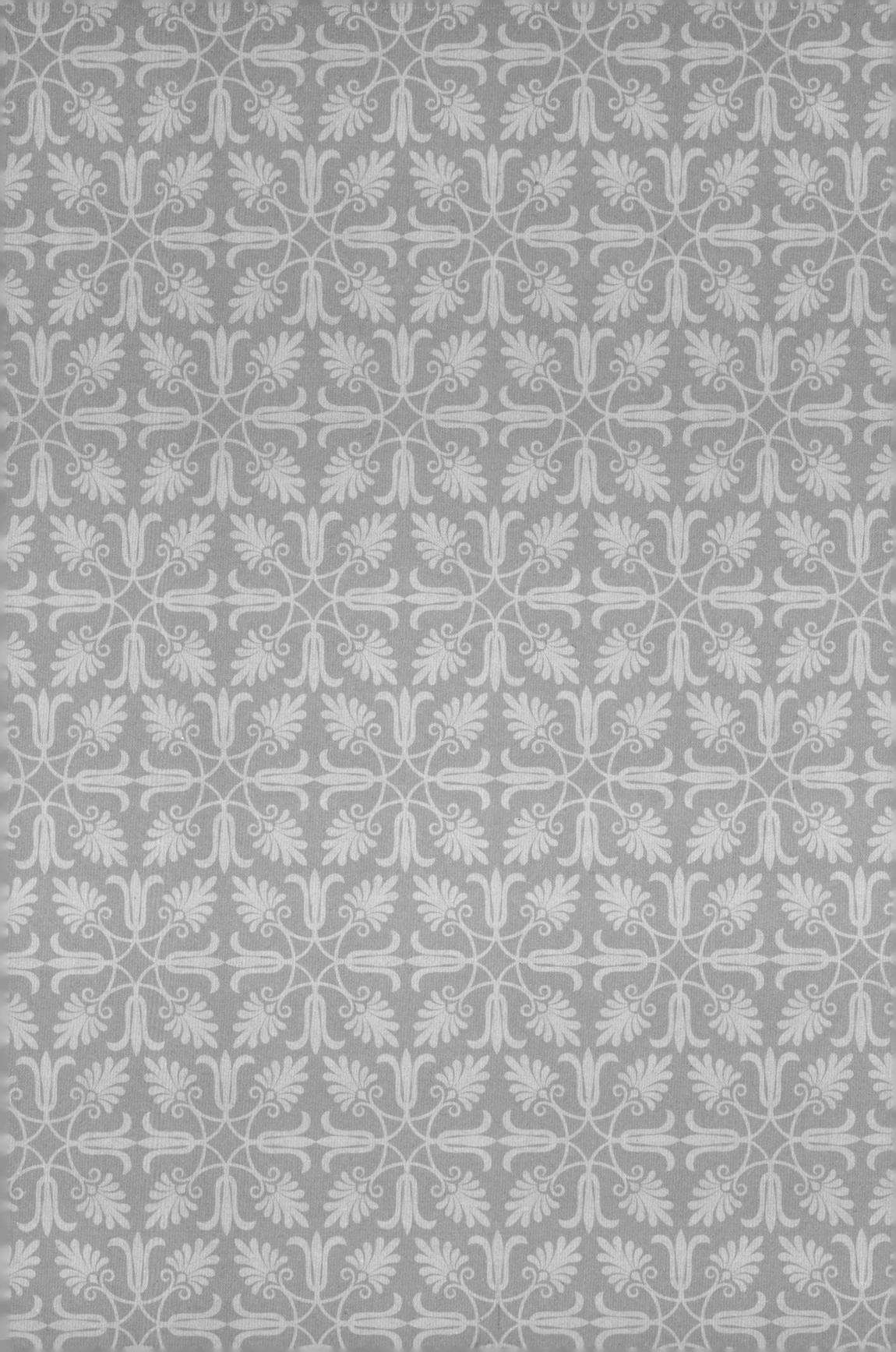